JN131442

次世代
バイオテクノロジー
への招待

塩見 尚史・塩見 晃史

大学教育出版

は じ め に

　近年、生命科学の世界では遺伝子操作、PCR 技術、次世代シーケンサー、遺伝子編集技術など画期的な技術が生み出され、飛躍的な発展を遂げてきました。そして、これらの技術はバイオテクノロジーの世界を大きく様変わりさせ、次世代バイオテクノロジーの時代に現在は突入しています。次世代のバイオテクノロジーの世界では、遺伝子操作や遺伝子編集を駆使して高機能の人工タンパク質を生み出したり、ゲノム情報に基づいて副作用の少ない画期的な新薬を生み出すことに主眼が置かれています。

　一方、次世代のバイオテクノロジーの時代に入っているにもかかわらず、バイオテクノロジーの入門書は過去の「発酵技術＝バイオ」という概念を踏襲するものがほとんどで、次世代に向けた内容で書かれた本は見当たりません。そのためか、筆者が分野別説明会で高等学校にバイオテクノロジーについて説明しても、高校生のみなさんがバイオテクノロジーという言葉すら理解できていないことに、いつも落胆させられます。そんな経験もあり、これから応用生命科学やバイオテクノロジーを志す大学 1 年生の人のために、本書をまとめました。本書では、次世代のバイオテクノロジーの世界ではどのような研究に主眼が置かれるのか、そして、これからその研究に携わるためには、どのような基礎知識が大切なのかについて書いています。

　本の内容は、まだ知識がない大学 1 年生を対象にしているのでアウトラインが中心で、知っておいてほしい最小限の内容を記載しています。初めてだと難しい部分もありますが、まず本文を熟読してしっかり理解してください。また、余力のある人やすでにバイオテクノロジーを学んだ人のために参考文献（150 報）を載せました。これらは、世界の研究者が最新の内容をまとめた総説が中心であり、オープンアクセス可能なものをできるだけ厳選しました。これらの論文を読み終えたとき、みなさんは本当の実力を手に入れることができるはずです。

　最後に本書を出版するにあたり、校正等にご尽力くださいました大学教育出版の中島美代子さんに深く御礼申し上げます。

2021 年 10 月

塩見尚史・塩見晃史

次世代バイオテクノロジーへの招待

目　次

第2部　次世代バイオテクノロジーのツール

第3部　次世代バイオテクノロジーが拓く世界

第1部

バイオテクノロジーの基礎となる
細胞と遺伝子の働き

　「細胞や遺伝子の働き」の話からスタートします。次世代バイオテクノロジーでは、遺伝子組換えや遺伝子編集を駆使してタンパク質をデザインし、それを利用します。自分で自由自在にデザインするためには、遺伝子やタンパク質あるいは細胞の働きについてある程度の基礎知識が必要になります。

　第1章は細胞の基本構造です。細胞の分類やオルガネラの働きについて学びます。第2章と第3章は、遺伝子とタンパク質の特徴についてです。遺伝子組換えや遺伝子編集ではこれらの章の内容が基礎となります。第4章はシグナルの伝達についてです。医薬品やがん治療薬はこのシグナル伝達をターゲットにすることが非常に多いので、シグナル伝達を理解することは非常に重要です。

　大学で初めてバイオテクノロジーを学ぶみなさんは、第1部の内容をしっかり理解してから第2部以降に進んでください。

第1章

細胞の基礎知識

1. 生物の分類と特徴

(1) 生物の分類と学名

生物の分類に関して多くの説が出されてきましたが、近年ではホイッタカーによる五界説が、生物の基盤をなす分類体系として使われています（図1-1.A）。五界説のモネラ界とは細胞核を持たない原核生物を含んだ生物界で

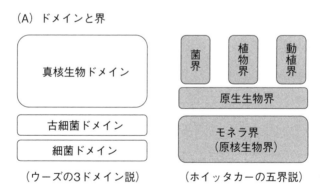

（A）ドメインと界

真核生物ドメイン

古細菌ドメイン

細菌ドメイン

（ウーズの3ドメイン説）

菌界

植物界

動植界

原生生物界

モネラ界
（原核生物界）

（ホイッタカーの五界説）

（B）リンネの命名法

Homo sapiens Linnaeus, 1758

属名　　種名　　命名者　　年号

図1-1　生物の分類と命名法

す。また、カール・ウーズはリボソーム RNA に基づいて生物の分類を行い、ドメイン（界の1つ上位の分類体系）に関して、3ドメイン説を提唱しました。この説では、原核生物を細菌ドメインと古細菌ドメインに分け、それに真核生物ドメインを加えた3つのドメインに分けます。ドメイン、界より下層の分類階級は、門、綱、目、科、属、種です。

　一方、生物種には学名がつけられます。学名とは、生物学の手続きに基づいて生物種を分類した世界共通の名称で、分類学の父と呼ばれるカール・フォン・リンネにより体系化された「リンネの2名法」が用いられます。リンネの2名法では、学名を属と種で表し（現在では命名者の名前と年号は省略されます）、属と種を斜体文字で記載し、最初の文字を大文字で書きます（図1-1.B）。例えば、ヒトは、*Homo sapiens*、ハツカネズミは、*Mus musculus*、大腸菌は、*Eschcerichia coli*、パン酵母は、*Saccharomyces cerevisiae* となります。植物や真菌類の場合には、一般に学名に属・種に加えて「科」も使います。また過去に同定された微生物の中には種がわかっていないものがあり、その場合には種の部分を「sp.」と表記したり、「A *ver* B」のように A か B のいずれかと表記したりします。

（2）　生物種の分類

　生物種はその特性に基づいて分類されますが、その分類基準は少しずつ変更されています[1]。ここではバイオテクノロジーと関連が深い微生物の分類について、その概要を説明します。

　微生物は図1-2のように、真核微生物と原核微生物に分けることができます。原核微生物とは原核細胞でできた微生物で、真生細菌や古細菌が含まれます。真性細菌は一般的にはグラム陰性菌とグラム陽性菌に大きく分けることができ、例えば、グラム陰性菌として *Eschcherihia* 属、*Pseudomonas* 属、*Salmonella* 属、*Acetobactor* 属、*Azotobactor* 属、*Vibrio* 属が、グラム陽性菌として *Bacillus* 属、*Lactobacillus* 属、*Corynebacterium* 属、*Clostridium* 属、*Streptococcus* 属などがよく知られた属になります。

　ラン藻類（シアノバクテリア）や放線菌も真生細菌に属しますが、これらは

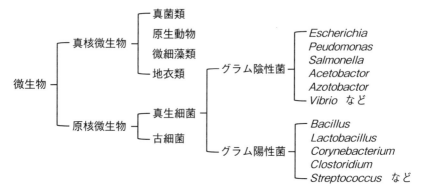

図1-2　原核微生物の分類
（真生細菌の属は一部のみ記載）

特　徴
・菌糸を形成して細長く増殖する
・菌糸の幅が1μm程度
・菌糸は分岐しない
・多様な形態分化能を有する
・抗生物質を作る種が多数存在

Streptomyces 属

図1-3　放線菌の形状とその特徴

学名ではなく、従来から用いられてきた分類を表す慣用名です。ラン藻類は、単細胞、群体、または糸状体などの形状を有する原核生物で、酸素発生型光合成を行う特徴があることから、25 〜 30 億年前に地球上に初めて出現した酸素発生型光合成生物ではないかと考えられています[2]。グラム陰性細菌として取り扱われますが系統的位置は未確定です。また、放線菌（図1-3）は、菌糸を形成して細長く増殖する形態的特徴を示すグラム陽性菌の慣用名で、分類学上は 90％が *Actinomycetales* 目に含まれます。放線菌は土壌に数多く存在し、幅は 1μm 程度の隔壁のない菌糸で分岐せずにカビに似たコロニーを作ります[3]。放線菌には *Streptomyces* 属に代表される抗生物質を作る菌が多数存在します。

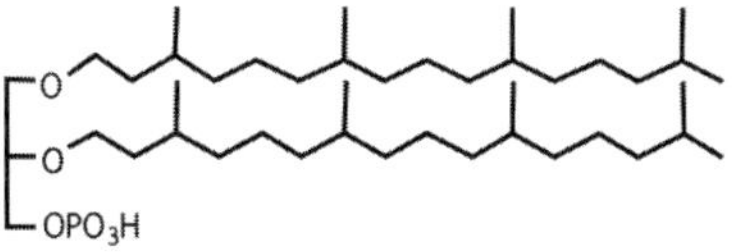

古細菌の膜構成成分

微生物	特徴	代表的な古細菌
メタン生産菌	嫌気性下で水素やギ酸を利用してメタンを生成	*Methanobacterium* 属 *Methanococcus* 属など
好熱好酸性菌	高熱、酸性下で生育	*Sulforobus* 属など
超好熱菌	90℃以上の環境でも生育	*Pyrococcus* 属など
高度好塩菌	15～30%の塩濃度でも生育	*Halobacterium* 属

図1-4　古細菌の細胞膜の特徴と分類

　図1-4に示す古細菌は細胞膜に特徴があり、真生細菌がsn-グリセロール3-リン酸の脂肪酸エステルにより構成される細胞膜を持つのに対し、古細菌の細胞膜はsn-グリセロール1-リン酸のイソプレノイドエーテルにより構成されています。また、古細菌は極限環境に生息する原核微生物で[4]、メタンを発生するメタノコッカスなどのメタン生成古細菌、85℃、pH2前後でも生育できるスルフォロブスなどの好熱好酸菌、生育温度が105℃のパイロコッカスなどの超好熱菌、高い塩濃度で生育するハロバクテリウムなどの高度好塩菌などが古細菌群に該当します。

　一方、真核微生物は主に真菌類が該当します。ただし、微生物の定義は「肉眼では見えない生物」という非常にあいまいな定義が今も残っているため、真菌類以外にも、小さな原生動物（アメーバ、ゾウリムシ、ミドリムシなど）、微細藻類（ケイ藻類、渦鞭毛藻類など）、地衣類（チャシブゴケ、ウメキゴケ、ハナゴケなど）も真核微生物に含めることが多いようです。真菌類は酵母、カビ、キノコのことですが、これらの語句は通称であり、学術的には表1-1のように接合菌類、子嚢菌類、担子菌類、及びこれらの分類にうまくあてはまらない不完全菌類に分類されます。

　接合菌類は、菌糸に隔壁がなく2本の菌糸が伸びて接合胞子をつくる菌類

表1-1　真核微生物の分類と特徴

真菌類	特徴	代表的なもの
接合菌類	菌糸に隔壁がなく2本の菌糸が伸びて接合胞子をつくる	*Mucor* 属、*Rhizopus* 属などのカビ類
子嚢菌類	菌糸に隔壁があり、無性的に接合菌糸を作り、有性的には子嚢胞子をつくる	*Aspergillus* 属、*Penicillium* 属、*Neurospora* 属などのカビ類
担子菌類	担子胞子を作る。菌糸に隔壁を有し、かすがい構造を作る	多くのキノコ類、サビ菌などのカビ類
不完全菌類	接合菌類、子嚢菌類、担子菌類の特徴に当てはまらない真菌類	*Saccharomyces* 属などの酵母

で、*Mucor* 属、*Rhizopus* 属などがこれに属します。中国やタイでは *Mucor* 属や *Rhizopus* 属を餅麹に使っており、*Rhizopus* 属が作るリパーゼなどの酵素は工業的に使われています。子嚢菌類は、菌糸に隔壁があり、無性的に接合菌糸を作り、有性的には子嚢胞子をつくる特徴があります。*Aspergillus* 属、*Penicillium* 属、*Neurospora* 属などがこれに属します。*Aspergillus* 属のカビは「コウジカビ」と呼ばれ、日本では麹を作る菌として使われています。クロコウジやキコウジは *A. niger* や *A. oryze* により作られます。また、*Penicillium* 属の菌はペニシリンを作るほか、ブルーチーズやカマンベールチーズにも使われています。担子菌類は、菌糸に隔壁を有し、2本の菌糸が伸びて接合胞子を作るときに、かすがい構造を作るのが特徴的な菌類で、松茸やシイタケなどきのこ類が担子菌類に属します。また、サビキンやクロボキンのような植物に害を及ぼすカビもこの仲間です。最後に不完全菌類ですが、これは、接合菌類、子嚢菌類、担子菌類の特徴に当てはまらない真菌類で菌糸に隔壁があり有性生殖が認められず、無性生殖によって増殖するものです。

　一方、酵母という言葉は分類を表す慣用名で、菌糸を作らない真菌類を酵母と呼んでいます。酵母は、有胞子酵母と無胞子酵母に分類され、最も代表的な酵母の *Saccharomyces cerevisiae* は、パン酵母、清酒酵母、ワイン酵母として食品の生産に広く利用されています。

（3）　微生物より小さなもの

　原核微生物より小さい生き物もいます。マイコプラズマ（図1-5.A）は、細胞壁を有していないために不定形な形をしており、自己増殖できますが自己増殖のために持つべき酵素の数が不足し、大型ウイルスよりも小さい生き物です。つまり、マイコプラズマはウイルスと微生物の中間のような存在で、最小の微生物として取り扱われます。マイコプラズマはマイコプラズマ肺炎などの病気を引き起こす他、動物細胞の培養においてマイコプラズマの感染が培養細胞に悪影響を及ぼすので、動物細胞を培養する際には注意が必要です[5]。

　また、微生物より小さなものとしてウイルス（図1-5.B）がいます。ウイルスは、DNAかRNAのいずれか一方のみを有しており、自己増殖できないので、生物に含めないのが一般的です。DNAウイルスとRNAウイルスではその感染経路が異なり、DNAウイルスは、ホストとなる生物の細胞に感染すると、ウイルスのDNAがホスト細胞の複製や転写装置を使ってウイルスを複製して細胞から出て行きます。これに対して、RNAウイルスは逆転写酵素を持っており、自らのRNAをDNAにしてホスト細胞の染色体に潜り込ませて、ウイルスを合成します。白血病ウイルス、エイズウイルス、インフルエンザウイルス、コロナウイルスなどはRNAウイルスです。大腸菌に感染するDNAウイルスも存在し、それらはファージと呼ばれています。

　まるでウイルスのように働くRNAや糖タンパク質の存在も知られています。例えば、ウイロイド（図1-5.C）は環状の一本鎖RNA（250〜400塩基程度）で、植物の病原体でさび果病（斑入果病）を引き起こします[6]。ウイルスが標的となる細胞に感染できるのは、標的細胞に結合するタンパク質を有する膜に包まれているためですが、不思議なことにウイロイドは、RNAがむき出しであるにもかかわらず、昆虫などの力を借りて植物に感染する能力を有しています。また、異常プリオン（図1-5.D）はプリオンの構造が変化した変異型の糖タンパク質で、ヒトのヤコブ病や牛の海綿状脳症（狂牛病）、あるいは羊のスクレイピーの原因として知られています[7]。異常プリオンに感染してこれらの病気になると、脳が溶けていまいます。タンパク質が感染力を有することは常識では考えられないことであり、不思議としか言いようがありません。

（A）マイコプラズマ

特徴
・最少の原核微生物 ・自己増殖に必要なタンパク質が不足 ・細胞壁がなく、不定形 ・肺炎などを引き起こす

（B）ウイルス（Covid-19の場合）

スパイク

ヌクレオカプシド

RNA

エンベロープ
タンパク質

特徴
・自分で増殖できない ・DNAとRNAのいずれかしかない ・RNAウイルスは逆転写を行う

（C）ウイロイド

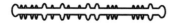

特徴
・環状の1本鎖RNA（250〜400bp） ・さび果病の原因

（D）プリオン

正常型　　　　変異型

特徴
・ヒトのヤコブ病の原因 ・狂牛病（BSE）の原因 ・変異型の糖タンパク質 ・発症すると脳が溶ける

図1-5　微生物より小さなもの

2. 細胞の基本構造と働き

（1）原核細胞と真核細胞の相違

　細胞は原核細胞と真核細胞に分けることができ、両者の構造は図1-6に示すように大きく異なります。原核細胞は、細胞のサイズが1～10μmで真核細胞と比較して単純な構造をしています。原核細胞は核膜がなく、核様体（環状で糸を束ねたような構造）がむき出しの状態になっています。さらに、リボソームやタンパク質の顆粒など最低限のものは細胞質に存在しますが、細胞内小器官（オルガネラ）はほとんどありません。生殖は無性生殖で、有糸分裂は行われません。原核微生物の中には細胞の周辺に鞭毛を有するものがあり、

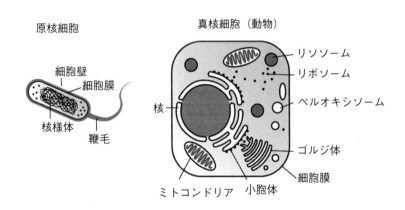

原核細胞と真核細胞の相違点

特徴	原核細胞	真核細胞（動物）	真核細胞（酵母）
サイズ	1～10μm	10～100μm	1～10μm
核	染色糸	染色体	染色体
オルガネラ	ほとんどなし	あり	あり
細胞分裂	無糸分裂	有糸分裂	無糸分裂・有糸分裂
生殖	無性	有性	無性（Mating type）

図1-6　原核微生物と真核微生物の相違

ATP のエネルギーを利用して泳ぐことができます。

　これに対して、動物や植物を構成する真核細胞は、原核細胞よりも大きく（10 ～ 100μm）、多くの膜構造を含む複雑な構造をしています。遺伝子は染色体の構造をとり、核膜の中に存在します。生殖は有性生殖で、細胞分裂は有糸分裂により 2 分されます。また、ミトコンドリア、小胞体、ゴルジ体、葉緑体、液胞など多くの細胞内小器官（オルガネラ）が存在し、それぞれが役割を分担しています。

　一方、微生物の酵母やカビは下等な真核生物に該当し、動物や植物の細胞よりも未発達なために、真核細胞の特徴の中で当てはまらない点がいくつか存在します（図 1-6 の表）。例えば、動植物の細胞では転写の際に m RNA のプロセッシング（加工）が施されますが、パン酵母の染色体にはイントロンが存在しないので、パン酵母ではプロセッシングは行われません。細胞分裂の方法も異なり、ある種の酵母（*Schizosaccharomyces pombe*）は動植物と同様の分裂をしますが、多くは出芽により細胞分裂します。さらに、パン酵母にはメイティングタイプ（mating type）と呼ばれる雌雄のようなものがありますが、有性生殖は行われません。

（2）　細胞膜と細胞骨格

　細胞の表面や細胞内小器官はホスファチジルコリンなどのリン脂質で構成された約 5nm の厚さの細胞膜に包まれています（図 1-7）。リン脂質はリン酸が結合した親水部と脂肪酸からなる疎水部でできており、細胞膜は親水部を外側にした 2 分子からなる膜です。この細胞膜には、イオンを通過させるためのチャネルタンパク質やポアを作るためのタンパク質、信号を受け取るための受容体タンパク質などが貫通しており、動物細胞ではリン酸の代わりに糖鎖が結合した糖脂質も存在し、外界との情報のやりとりをしています。また、細胞膜にはコレステロール、フィトステロール、エルゴステロールなどのステロール類が含まれ、細胞膜の柔軟性を調節しています。

　真核細胞には、図 1-8 のような細胞骨格（微小管、中間径フィラメント、ミクロフィラメント）があり、細胞の柔軟性や形状をコントロールしていま

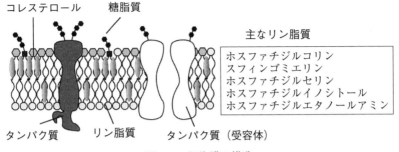

図1-7　細胞膜の構造

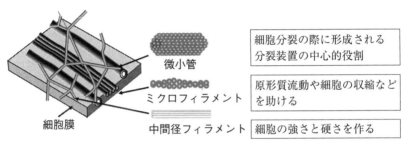

微小管	細胞分裂の際に形成される 分裂装置の中心的役割
ミクロフィラメント	原形質流動や細胞の収縮など を助ける
中間径フィラメント	細胞の強さと硬さを作る

図1-8　細胞骨格

す。微小管は球状タンパク質のチューブリンが集まってできた直径約 25nm
程度の中空の管で、細胞分裂の際に形成される分裂装置の中心的役割をしま
す。また、中間径フィラメントは1種類あるいは数種類の繊維状のタンパク質
で、細胞の強度を保つのに重要な役割を果たしています。ミクロフィラメント
はアクチンからなるフィラメントで柔軟性に富み、原形質流動や細胞の収縮な
どを助けます。

　細胞強度が必要な植物や細胞の形が一定の微生物には、細胞膜の外側に細
胞壁が存在します。細胞膜は特定の化合物だけを輸送する半透膜ですが、細胞
壁は全透膜であり、化合物は自由に通過することができます。植物の一次細胞
壁の主要な構成成分はグルコースが重合したセルロースで、ヘミセルロースが
架橋して基本構造を作っていますが、伸長終了後にその内側に構築される2次
細胞壁も存在します。このような細胞壁には、植物体が成長したときにその形

状を保てるように、細胞に一定の堅さを与える役割があります。一方、真菌類と細菌の細胞壁は、キチンやペプチドグリカンが主成分になっています。

（3）　ミトコンドリアと葉緑体

　次に、オルガネラの働きについて見ていきます。細胞にとって非常に重要なオルガネラとして、ミトコンドリア[8]があります（図1-9.A）。ミトコンドリアは内膜と外膜の 2 重構造になっており、その間に膜間スペースがあります。内膜は、入り組んだヒダ状のクリステを形成しており、その内部をマトリックスといいます。外膜にはポリン（porin）というチャネルタンパク質があり、大きな分子が膜を出入りできるようになっています。

　ミトコンドリアのマトリックスでは、TCA 回路による代謝の他、アミノ酸代謝、尿素回路、糖新生などの多くの経路による代謝や脂肪酸の β 酸化が行われています。また、TCA 回路により NAD^+ や FAD に捕捉された水素は、クリステに存在する電子伝達系に送られます。そして、酸素を水に変換する過程でプロトン勾配を作り出し、そのエネルギーを使って ATP を作ります。このように、ミトコンドリアは、細胞のエネルギー工場というべきオルガネラです。

　ミトコンドリアはミトコンドリア核を持っており、その中に環状のミトコンドリア DNA があります。複製、転写、翻訳を行う分子がミトコンドリア内に存在するので、自ら細胞内で増殖することで細胞内の数が状況に応じて変化します。ミトコンドリアは呼吸活性の高い組織の細胞ほど数が多く、例えば、肝細胞には 1 個の細胞あたり 1,000 個以上ものミトコンドリアが含まれています。

　また、植物の細胞には、光合成を行ってデンプンを生み出すオルガネラの葉緑体[9]が存在します（図1-9.B）。動物は栄養素を口から摂取するので、動物細胞には葉緑体が存在しません。葉緑体は葉緑体 DNA を持っており、ミトコンドリアと同様に自ら複製することができます。葉緑体内には、円盤上の形状をしたチラコイド膜と呼ばれる膜でできたチラコイドが多数存在します。チラコイドが 10 ～ 100 個層状に重なった部分を「グラナ」、グラナを取り囲む

（A）ミトコンドリア

役　割
・電子伝達系でエネルギーを作る ・TCA回路で分解 ・ミトコンドリアDNAを有する

（B）葉緑体

役　割
・光化学反応によりATPとNADPHを作る ・二酸化炭素から糖を作る ・葉緑体DNAを有する

図1-9　ミトコンドリアと葉緑体

無色の液体を「ストロマ」と言い、グラナ間は「ストロマラメラ」をという単層のチラコイドで連結されています。

　光合成は、チラコイドとストロマにより行われます。チラコイドには、光合成の際の光受容や光化学反応に必要な内在性タンパク質が含まれています。光エネルギーが当たると光化学反応によりチラコイド膜に存在する光合成色素が活性化され、光化学反応によりプロトン（H^+イオン）を膜内に輸送します。このエネルギーを利用して、ストロマに存在する ATP、NADPH が合成されます。ストロマではこれらとプロトンを利用し、カルビン・ベンソン回路により二酸化炭素からグルコースを合成します。

（4）小胞体とゴルジ体

　小胞体は、さまざまな大きさの細い管状の袋がつながりあった構造をしており、滑面小胞体と粗面小胞体があります（図1-10.A）[10]。滑面小胞体は、表面にリボソーム粒子が付着しておらず、体の場所によりその働きが異なります。例えば、筋細胞にある筋小胞体はカルシウムイオンの貯蔵や放出を行って筋細胞の収縮を手助けし、肝細胞にある滑面小胞体はグリコーゲンの合成を

(A) 小胞体

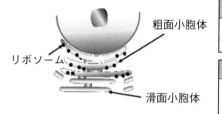

役　割
・リボソームと結合 ・タンパク質の高次構造構築と糖付加

役　割
・筋肉：Caイオンの出し入れ ・肝臓：血糖値の調整 ・副腎皮質：ステロイドの合成

粗面小胞体

リボソーム

滑面小胞体

(B) ゴルジ体

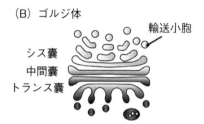

輸送小胞

シス嚢
中間嚢
トランス嚢

役　割
・タンパク質の最終加工と修飾 ・オルガネラや細胞外へ輸送

図1-10　小胞体とゴルジ体

　行ったり、血糖の調節を行ったりします。また、副腎皮質の滑面小胞体はコレステロールを原料としてステロイドホルモンを合成します。

　これに対して、粗面小胞体は、表面にリボソームが付着しています。リボソームはタンパク質を合成する工場で、粗面小胞体はリボソームが合成したタンパク質を取り込んで、タンパク質に1次加工を施します。細胞質には粗面小胞体に結合しないリボソームも存在しますが、膜タンパク質、糖タンパク質、分泌タンパク質などの修飾や加工が必要であったり、特異的な場所への輸送が必要なタンパク質は、粗面小胞体に取り込まれて編集作業が行われます。

　粗面小胞体で加工されたタンパク質は、ゴルジ体（図1-10.B)[11]へと運ばれます。ゴルジ体はゴルジ嚢と呼ばれる扁平な1重膜でできており、シス、中間、トランスの3つの嚢があります。粗面小胞体で新たに作られたタンパク質（積荷タンパク質）は、小胞体で輸送小胞を形成し、ゴルジ小胞と結合して新しいゴルジ嚢となり、シス嚢からトランス嚢へと運ばれます。さらに、ゴルジ体は、タンパク質が持っているシグナルペプチドをタグとして利用して、それぞれのタンパク質が働くべき場所に輸送するという重要な役割も担ってい

す。ゴルジ体が輸送するタンパク質は、全タンパク質の約1/3にも及びます（タンパク質の修飾と輸送については第3章で説明します）。

（5）　リソソームと液胞

　リソソーム（図1-11.A）[12]はゴルジ体で作られる1枚膜の細胞小器官で、さまざまな大きさと形を有します。リソソームの内部は強い酸性で、酸性下で働く加水分解酵素が豊富に存在します。リソソームは、それらの酵素を使って細胞外から獲得した分子や不要な細胞成分を分解し、得られたアミノ酸やコレステロールを外に排出して再利用する働きがあります。リソソームと似た細胞内小器官にペルオキシソームがあります。ペルオキシソームは1枚膜の小さな球状のものが多く、超長鎖の脂肪酸のβ-酸化、コレステロールや胆汁酸の合成、アミノ酸やプリンの代謝などの代謝を助けます。

　一方、動物細胞には存在しませんが、植物細胞には液胞が存在します（図1-11.B）。液胞はリソソームの代わりもしますが、それ以外にも植物にとって多くの重要な役割があります[13]。例えば、植物細胞では液胞が細胞の90%近くを占める場合があり、水分の大切な貯蔵庫になります。また、水分が不足した

（A）リソソーム

リソソーム

役　　割
・不要な分子や細胞成分を分解
・アミノ酸やコレステロールの排出

（B）液胞

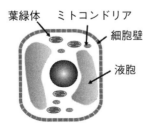

葉緑体　ミトコンドリア
細胞壁
液胞

役　　割
・アポトーシスの誘導
・解毒や栄養の貯蔵
・植物の大きさや形を保つ

図1-11　リソソームと液胞

ときに細胞死を起こす役割もあります。植物は水分が足らないと枯れてしまいますが、このアポトーシス作用は液胞が担っています。その他にも、液胞は、解毒や栄養を貯蔵する役割、植物の大きさや形を保つ役割などを担っています。酵母にも液胞が存在し、解毒や栄養の貯蔵をする役割をしています。

第2章
遺伝子の働き

1. DNA の構造と機能

（1） DNA の構造と染色体

　DNA は、ヌクレオチドを基本単位として、それが結合して高分子になった もので、図 2-1 に示す構造をしています。DNA を構成する糖は、2- デオキシ リボースで、糖とリン酸はリン酸ジエステル結合で結合し、糖と核酸は N- グ リコシド結合で結合しています。DNA は 2- デオキシリボースの 5' と 3' の 炭素の位置にリン酸が結合した構造であり、DNA の両末端を 5'- 末端、3'- 末 端と呼びます。DNA を構成する塩基（核酸塩基）は、アデニン（A）、チミン （T）、グアニン（G）、シトシン（C）の 4 種類で、アデニンとチミンは 2 カ所 で水素結合し、グアニンとシトシンは 2 カ所で水素結合してペアを作ります （図 2-1.A）。

　DNA は 2 本鎖を形成する際に、DNA の向きを逆向きにしてお互いの塩基 を内側に向けて塩基どうしが結合し、「2 重らせん」と呼ばれるらせん階段の ような構造を作ります（図 2-1.B）。DNA の 2 重らせんは右巻きで、一回転あ たり 10 塩基対ですが、実際には A-DNA、B-DNA、Z-DNA など 6 種類の 構造を必要に応じて形成します。また、2 本鎖は、塩基と塩基が水素結合して いるだけなので、高温にすると「融解」がおこり、水素結合がはずれて 1 本鎖 になります。そして温度を 60℃前後まで冷やすと、アニーリングにより再び 2 本鎖を形成します。DNA の遺伝情報は塩基の配列が重要なので、しばしば塩

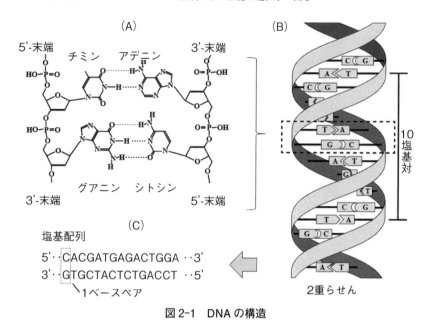

図2-1 DNAの構造

基配列でDNAを表示します（図2-1.C）。また、DNAの長さは、塩基（base）
ペアを最少単位にし、ベースペア（bp）を使います（1キロベースペア（kb）
＝1000bp）。

　原核生物のDNAが環状でむきだしの状態であるのに対して、真核生物で
は糸巻きのような働きをするヒストンに巻き付いて「ヌクレオソーム」を形成
しています（図2-2）。ヒストンは正に荷電した塩基性アミノ酸が豊富なタン
パク質で、コアヒストンは4種類（H2A、H2B、H3、H4）のタンパク質が集
まった8量体として存在します。コアヒストン以外に、ヌクレオソーム間の
DNAに結合するリンカーヒストン（H1）もあり、リンカーDNA（リンカー
ヒストンが結合したDNA）がヌクレオソームの結合に重要な役割をしていま
す。また、ヒストンテールはヒストンのコア領域に含まれない両末端領域で、
アセチル化、メチル化などさまざま修飾を受けてクロマチン構造を変化させて
遺伝子発現を制御することに携わります[14]。

　ヌクレオソームが連なると「クロマチン」と呼ばれる高次構造を形成しま

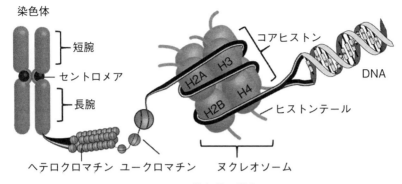

図 2-2　染色体の構造

す。クロマチンはさらに凝縮して繊維状になった「クロマチン繊維」になり、さらに規則正しく折りたたまれると「染色体」になります。ヒトの染色体は、23 組（46 本）を父親と母親から 1 組ずつ受け継ぎ、そのうち 44 本は常染色体、2 本は X と Y の性染色体です。性染色体は、女性の場合は X 染色体が 2 本、男性は X 染色体と Y 染色体が 1 本ずつになっています。2 本の染色体のペアは「セントロメア」と呼ばれる分裂時に動原体を形成する部分で交差しています。

（2）　DNA の複製開始

　細胞分裂により 1 つの母細胞から 2 つの娘細胞が作られますが、その際に母細胞の DNA を娘細胞の DNA にコピーすることを「複製」と呼びます。DNA の複製は半保存的であり、母細胞の 2 本鎖 DNA を 1 本ずつ鋳型として娘細胞の 2 本鎖 DNA が合成されます。

　複製が始まる場所を「複製起点」といいます。複製起点は特定の短い繰り返し配列からなる約 240 塩基対の領域で、細菌では 1 カ所のみであるのに対し、ヒトの場合には染色体 1 本あたり平均 220 カ所も存在します。大腸菌の複製の場合、DnaA タンパク質が結合して会合体になり、複製起点を見つけ出してDNA 合成の準備をします[15, 16]。真核細胞では複製起点で「複製バブル」と呼ばれる 2 本鎖がはずれてバブルのようになった状態が染色体 1 本当たりに多数

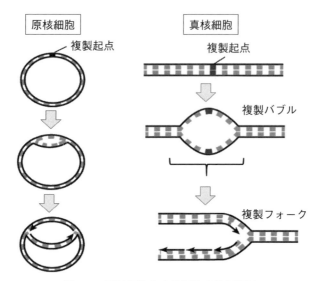

図2-3 原核細胞と真核細胞の複製開始

に生じます（図2-3）。

　また、バブル（泡）がもう少し開いた部分は形がフォークに似ていることから、複製フォークと呼ばれています。

　複製開始には、図2-4に示すタンパク質が関与します。まず、タンパク質が集まってドーナッツ状になったヘリカーゼが、その構造をうまく利用してDNAに結合し、移動しながら2本鎖をほどきます。そして、得られた1本鎖DNAには1本鎖結合タンパク質が結合して2本鎖DNAに戻るのを防ぎます。また、2本鎖を開くと2本鎖DNAにねじれを生じますが、トポイソメラーゼが2本鎖DNAの1本を切断してねじれを戻してから結合し直すことで、ねじれを解消します。

　複製フォークが形成された箇所では複製が開始されます。DNAの複製は、「DNAポリメラーゼ」が行います。原核生物は3種類のDNAポリメラーゼ（I、II、III）を、真核生物は5種類のDNAポリメラーゼ（α、β、γ、δ、ε）を持っており、それぞれのDNAポリメラーゼは表2-1のように役割を分担しています[17]。また、DNAポリメラーゼには3'→5'エキソヌクレアーゼ活

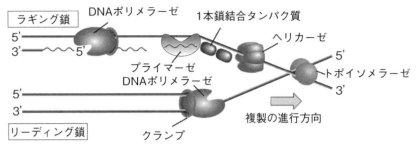

図 2-4　DNA の複製に関与するタンパク質

表 2-1　原核細胞と真核細胞の DNA ポリメラーゼ [17]

名　称		役　割	エクソヌクレアーゼ	
			$3' \rightarrow 5'$	$5' \rightarrow 3'$
原核細胞	DNA ポリメラーゼ I	DNA の複製と修復	+	+
	DNA ポリメラーゼ II	DNA の修復	+	−
	DNA ポリメラーゼ III	DNA の複製	+	−
真核細胞	DNA ポリメラーゼ α	RNA プライマーの合成	−	−
	DNA ポリメラーゼ β	DNA の修復	−	−
	DNA ポリメラーゼ γ	ミトコンドリアの修復	+	−
	DNA ポリメラーゼ δ	ラギング鎖の DNA の複製	+	−
	DNA ポリメラーゼ ε	リーデング鎖の DNA の複製	+	−

性を持ってるものがあり、誤った塩基配列を取り除いて正しい配列を挿入する機能が備わっています。

　DNA ポリメラーゼが 2 本鎖 DNA を合成にするには、2 本鎖の合成開始部分を指示する必要があります。その役割をするのが「プライマー」で、DNA ポリメラーゼはプライマーの 3′- 末端側から DNA を伸長していきます。原核細胞ではプライマーゼが合成する 11 塩基程度の RNA 断片がプライマーの役割を果しますが、真核細胞では、プライマーゼと DNA ポリメラーゼ α により RNA-DNA プライマー（RNA の後ろに DNA を結合したプライマー）が合成され、それがプライマーとして使われます。さらに 1 本鎖 DNA になった部分にはクランプローダーが複数の環状タンパク質（クランプ）の開閉を行うこ

とにより、RNA プライマーと鋳型となる DNA を取り囲むようにクランプを装着します。クランプは DNA ポリメラーゼと結合して、DNA ポリメラーゼが鋳型 DNA から離れるのを防いでくれます。

　DNA の 2 本鎖は逆向きになっているために、DNA ポリメラーゼが 5' 側から 3' 側の方向に向かって合成すると、リーディング鎖（連続的に合成できる DNA 鎖）とラギング鎖（不連続に合成される DNA 鎖）を生じます。リーディング鎖では複製が始まるときにのみプライマーが必要で、複製フォークの移動に伴って、連続的な DNA 鎖が合成されます。これに対して、ラギング鎖では 2 本鎖の開く方向と合成の方向が逆であるため、2 本鎖 DNA を少しずつ開くごとに DNA を合成する必要があり、合成した DNA は RNA を含む短い DNA 断片（岡崎フラグメント）になります。

（3）　ラギング鎖の仕上げ

　RNA を含む不連続な DNA 断片のラギング鎖は、図 2-5 に示すように RNA を DNA に置き換えると同時に連続鎖にする仕上げの操作が必要です。原核生物では DNA ポリメラーゼ I がその役割を果たします。まず RNase H が RNA プライマーを分解します。しかし、RNase H は DNA に結合した最後の RNA ヌクレオチドを分解できないので、DNA ポリメラーゼ I が 5'→3' エキソヌクレアーゼ活性を使ってその部分を削り込みながら DNA を合成します。真核生物では、DNA ポリメラーゼ δ が岡崎フラグメントの一部を引き剥がしながら DNA を合成し、Dna2 エンドヌクレアーゼやフラップエンドヌクレアーゼ（FEN1）などのヌクレアーゼがそれを切り離します。原核細胞、真核細胞とも、最後に DNA リガーゼが DNA 断片の 5'-リン酸末端とデオキシリボースの 3'-ヒドロキシ末端を結合して、ようやくラギング鎖が完成します。

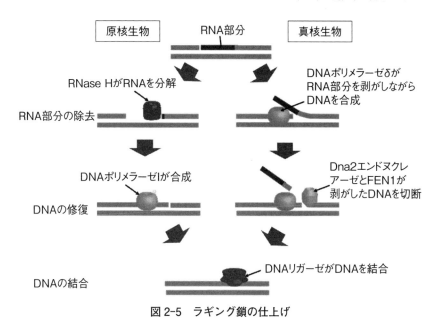

図 2-5　ラギング鎖の仕上げ

2. RNA の構造と機能

（1）　RNA の構造と種類

　RNA は DNA と糖や塩基に図 2-6 のような相違点があります。DNA を構成する糖がデオキシリボースであるのに対して RNA ではリボースが使われます。また、RNA の塩基ではチミン（T）のかわりにウラシル（U）が使われます。RNA は DNA と異なり細胞内で分解と合成を繰り返しますが、それが円滑に行えるように RNA はこのような構造になっていると考えられます。

　RNA の中で、タンパク質に翻訳される遺伝情報を持つのは mRNA であり、翻訳情報をコードしていることから「コーディング RNA」と呼びます。これに対し、タンパク質合成を司らない RNA を「ノンコーディング RNA（ncRNA）」と呼びます。ncRNA としては、トランスファー RNA（tRNA）、リボソーム RNA（rRNA）、核内低分子 RNA（snRNA）、核小体低分子 RNA（snoRNA）が古くから知られてきました。tRNA と rRNA は翻訳の際の合成

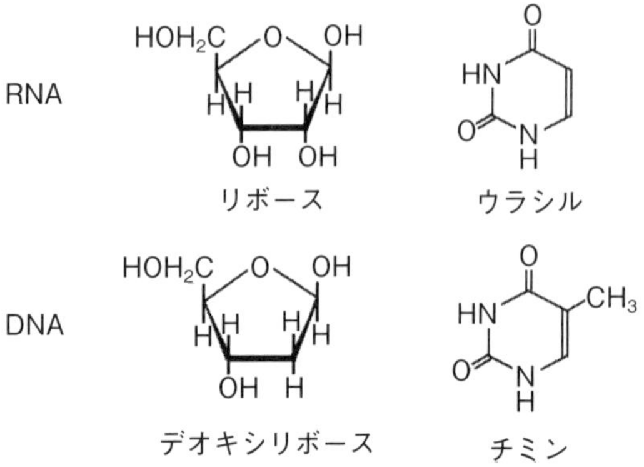

RNA

HOH₂C

リボース

ウラシル

DNA

HOH₂C

デオキシリボース

チミン

図2-6 DNA と RNA の相違点

装置として使われ、snRNA や snoRNA は、mRNA 前駆体のスプライシング
やキャップ構造に関与します。

　その後、DNA シーケンサーが発展して転写産物の解読が進むと、RNA の
大部分が ncRNA であり、miRNA、siRNA、piRNA などの短鎖の RNA や
200 塩基以上の長さを持つ長鎖ノンコーディング RNA（lncRNA）が見つか
り、それらの経路や役割もしだいに明らかになってきました[18, 19]。ncRNA の
主な役割を表2-2に示します。例えば、miRNAの場合には、RNAポリメラー
ゼ II により転写され、primary miRNA（pri-miRNA）が合成されます。核
内で pri-miRNA が切断されて precusor miRNA（pre-miRNA）が作られ核
外に輸送されます。pre-miRNA は細胞質で切断されて Ago タンパク質と結
合して 1 本鎖化された成熟型の miRNA が完成し、最終的に RNA 誘導体サイ
レンシング複合体（RISC）になります。miRNA の役割のひとつは、mRNA
の Seed 配列や 3' 側の非翻訳領域を認識して結合し、標的となる mRNA を不
安定化して翻訳を阻害することです。そのため miRNA は多くの遺伝子のファ
インチューナーとして働いています。また、miRNA はエクソソームとして細
胞外に排出され、細胞間の情報伝達やコントロールの役割を果たしています。
特にがん細胞は、エクソソームを利用して miRNA を分泌し、生存しやすい環
境や免疫細胞の抑制などの信号を送っています。

表 2-2　ノンコーディング RNA の役割

名　称	役　割
tRNA	トランスファー RNA。コドンをアミノ酸に変換
rRNA	リボソーム RNA。タンパク質の合成装置
snRNA	核内低分子 RNA。核内に存在して複合体 snRNP を形成する
snoRNA	核小体低分子 RNA。snoRNP を形成して、ターゲット遺伝子の化学修飾を触媒する
miRNA	マイクロ RNA。21 ～ 25 塩基の RNA で翻訳を阻害したり、細胞間の情報伝達やコントロールに関与する
siRNA	21 ～ 23 塩基対から成る低分子 2 本鎖 RNA。RNA 干渉により特定の遺伝子の発現を抑制したり、トランスポゾンを制御する
piRNA	動物の生殖細胞で高発現する 24 ～ 31 塩基の RNA。トランスポゾンの制御を行う
lncRNA	数千塩基以上の RNA。転写制御やスプライシング、あるいはがんの転移に関与する。アーキテクチュラル RNA として働く

　一方、siRNA は、miRNA と似ていますが、合成経路が miRNA とは少し異なります。また、siRNA の役割も遺伝子発現制御ですが、こちらは標的となる mRNA を切断することで、発現を抑制（サイレンシング）します。さらに、siRNA には、トランスポゾンに関与するものも多くあります。トランスポゾンは特定の DNA 断片を切り出し、別の場所に再挿入することで移動する働きがあり、動く遺伝子とも呼ばれています。ヒトのゲノムにはレトロトランスポゾンがあり、そのせいで遺伝子が本来の機能を発揮できず、疾患の原因になることもあります。siRNA はトランスポゾンをサイレンシングする働きがあり、トランスポゾンの制御に関わっていると思われます。トランスポゾンの制御に関しては、piRNA（PIWI-interacting RNA）も重要な役割を果たしています。piRNA は siRNA や microRNA よりも数塩基ほど長く、主に生殖細胞で発現しています。

　近年、数千塩基以上からなる lncRNA の存在が見いだされ、それらが転写の重要な役割をしていることが少しずつわかってきました。例えば、MALAT1 は 8,000 塩基長の lncRNA で、転写制御やスプライシング、あるいはがんの転移に関与しています。また、NEAT1 は 3,700 と 23,000 の塩基長の lncRNA

で核内の構造体であるパラスペックルの構造を作る RNA（アーキテクチュラル RNA）として働きます。

　一方、触媒作用のある RNA を「リボザイム」と呼びます。テトラヒメナの rRNA の自己スプライシング作用やリボヌクレアーゼ P の触媒作用など RNA の触媒作用が発見され、太古の生物は RNA が主役で、次第に遺伝情報を DNA に移行し、触媒をタンパク質に移行したとする「RNA ワールド仮説」が生み出されるきっかけになりました。また、現在ではリボザイムの研究が進み、いくつものリボザイムが見つかっているだけでなく、目的の触媒活性を持ったリボザイムを治療に使う研究も精力的に進められています[20]。

（2）　原核生物の転写

　次に、転写（transcription）について説明します。DNA に記載された遺伝情報は RNA に伝えられますが、DNA を RNA に変換することを「転写」と呼びます[21]。原核生物の mRNA 合成の概要を図2-7に示します。RNA は RNA ポリメラーゼにより合成されます。原核生物の RNA ポリメラーゼは1種類で、大腸菌の RNA ポリメラーゼは、4個のサブユニットからなるコア酵素と σ 因子からなります。σ 因子には、プロモーターを認識する役割がありますが、認識配列の異なるものが数種類存在しており、σ 因子がどの DNA の転写を行うかを決めています。RNA ポリメラーゼは DNA ポリメラーゼとは異なりプライマーを必要としません。

　mRNA の合成を開始する位置を転写開始点、その上流で転写を制御する領域をプロモーター領域といいます。転写開始点は開始コドン（ATP）よりも上流に位置しており、転写開始点のさらに10塩基と35塩基上流に「プリブノウボックス」と呼ばれる σ 因子が結合する場所があります。プリブノウボックスに σ 因子が結合すると、そこを目印にして DNA の2重結合がほどけて開始複合体を形成し、σ 因子が外れることで RNA ポリメラーゼのコンフォメーション変化が起こって、DNA を90度近く曲げます（図2-7.A）。これにより2重らせんがほどかれた転写バブルが形成され、2本鎖 DNA の一方を鋳型として、RNA 鎖の 3′ 末端に鋳型 DNA と相補するリボヌクレオシド三リン酸

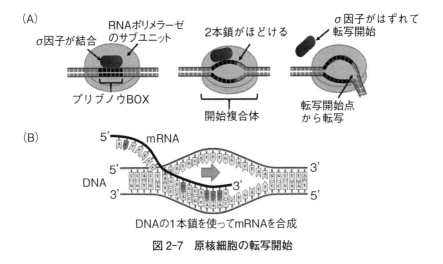

図 2-7　原核細胞の転写開始

を結合しながら伸長します（図 2-7.B）。転写は一定速度で進行すると考えられていましたが、RNA ポリメラーゼは DNA 上で、休止・後退・エラーの修復をしながら転写を行うことがわかってきました。

　そして、mRNA の転写終結は、終止コドンの下流に位置するターミネーター領域で行われます。ターミネーター領域は RNA ポリメラーゼが外れる領域で、図 2-8 に示すような非依存的ターミネーターと ρ 依存的ターミネーターが知られています。非依存的ターミネーターの場合、転写した mRNA がヘアピン構造を作り、そこに NusA が働いて RNA ポリメラーゼ複合体と相互作用し、転写を終了します。一方、ρ 依存的ターミネーターの場合、ρ 因子部位に結合した ρ 因子結合タンパク質が下流へ移動して RNA ポリメラーゼ複合体と相互作用して転写を終了します。

（3）　真核生物の転写

　真核生物では原核生物よりも複雑な機構で転写が行われます[22]。原核生物の RNA ポリメラーゼが 1 種類であるのに対し、真核生物の RNA ポリメラーゼは 3 種類（RNA ポリメラーゼ I、II、III）存在します。RNA ポリメラーゼ I が大部分の rRNA の転写を行い、RNA ポリメラーゼ III が残りの tRNA や

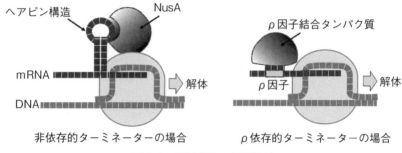

図2-8　原核細胞の転写終結

rRNA などの転写を行い、RNA ポリメラーゼ II が主に mRNA や miRNA などの転写に関わっています。

　また、真核生物の転写開始は、図2-9 に示すように多くの基本転写因子が複雑に関わってきます。真核生物の転写では、転写開始部位の約25塩基前に位置する TATA ボックスに、基本転写因子 TFII のサブユニットである TATA 結合タンパク（TBP）が結合し、DNA の2重らせんに大きなゆがみが生じます。これが引き金となって TFIIB を初めとする一連の基本転写因子が RNA ポリメラーゼ II とともに結合して転写開始複合体を完成し、mRNA

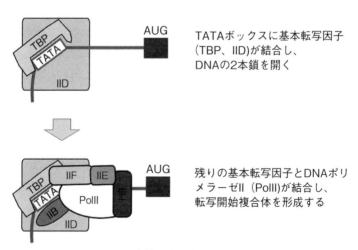

図2-9　真核細胞の転写開始複合体

を合成します。

　さらに、真核生物の転写には原核生物と大きな相違があります。原核生物には核がないため、mRNA は、転写したものをそのまま使用しますが、真核生物では、RNA ポリメラーゼ II によって核内で合成された mRNA 前駆体は、「RNA プロセシング」とよばれる加工が施された後に、核の外に輸送されます。この RNA プロセシングは、図 2-10.A に示すようにキャップ構造の付加、RNA スプライシング、ポリ A シグナルの付加の 3 つの過程から構成されます。

　キャップ構造の付加は、mRNA が 25 塩基ほど合成されると、RNA ポリメラーゼのサブユニットのリン酸化された CTD に結合したキャッピング酵素が

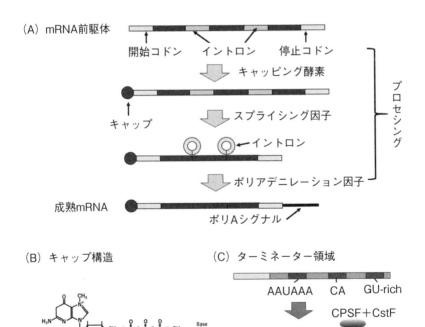

図 2-10　真核細胞の mRNA のプロセッシング

キャップ構造（図 2-10.B）を付加します。このキャップ構造は mRNA の安定化と翻訳の目印として働きます。

　また、真核生物の遺伝子は、タンパク質に翻訳される部分であるエキソンとタンパク質に翻訳されない部分のイントロンから成り立っています。mRNA 前駆体はイントロンを含んでいるので、イントロン部分を取り除く必要があります。イントロン部分を取り除く操作を「RNA スプライシング」と言い、5 種類の核内低分子リボ核タンパク（snRNPs）を中心に構成されるスプライソソームが、エキソン部分を切断して結合する反応を行います。核内低分子 RNA（snRNA）は 150 塩基程度の長さで、RNP の構成因子です。また、スプライソソームの助けを借りずに自分自身で切り貼りできる RNA もあり、自己スプライシング RNA（self-splicing RNA）と呼びます。1 つの遺伝子に対して、何通りかの RNA スプライシング（選択的スプライシング）が施されるため、真核生物は 1 つの遺伝子から異なるエキソンのパターンを有する mRNA を作ることができます。

　さらに mRNA のターミネーター領域には、一般的には、ポリ A シグナル（AAUAAA）とその下流 10 ～ 30 塩基に CA 配列、さらにその下流に GU-rich 領域が存在します（図 2-10.C）。RNA ポリメラーゼ II による転写がこの領域まで完了すると、リン酸化された CTD に結合した切断ポリアデニル化特異因子（CPSF）と切断促進因子（CstF）が結合し、CA 配列の下流部で、mRNA 前駆体を切断します。さらに、ポリ A ポリメラーゼがアデニンを付加して、200 個程度からなるポリ A 配列を付加します。RNA プロセッシングが終了して成熟 mRNA ができあがると、キャップ結合タンパク質、ポリ A 尾部結合タンパク質、エキソン結合タンパク質が結合することにより、成熟 mRNA が完成したことを示すタグが付けられ、核外へ輸送されます。

　RNA は転写後にその他のさまざまな修飾を受けて成熟します。本書では述べませんが、RNA の修飾は「エピトランスクリプトーム」と呼ばれ、160 種類を超える RNA 修飾が見つかっています。例えば、イノシンや N^6- メチルアデノシンなどがノンコーディング RNA で見つかっており、RNA の修飾が遺伝子発現の微細なコントロールを手助けしていると考えられています。

（4）　複製や転写に伴う DNA の構造変化

　クロマチンの高次構造には、密に凝集したヘテロクロマチンとそれが緩んだユークロマチンの状態があり、転写の必要性に応じてどの部分をユークロマチンにするかを決めて変化させています[23]。ヒストンの調節の様子を図2-11.A に示します。ヌクレオソームの高次構造を作るのが「ヒストンシャペロン」で、ヌクレオソームの距離間を修正するのが「クロマチンリモデリング因子」です。ヘテロクロマチンとユークロマチンへの可逆的な変化は主にヒストンアセチル化酵素（HAT）とヒストン脱アセチル化酵素（HDAC）により行われます。コアヒストンの特異的な部分のリシン残基が HAT によりアセチル化されると、リシン残基の正電荷が中和され、ブロモドメインを持つタンパク質が DNA を認識できるようになります。そこにクロマチンリモデリング因子などが結合して DNA がヒストンから外れて遺伝子の読み出し（複製や転写）が進行します。また、ヒストンの N 末端のリシン残基やアルギニン残基がヒストンメチル化酵素によりメチル化されることも、クロマチン構造調節に深く関わります。

　ユークロマチンの形成によりヌクレオソーム間に転写可能な状態が出現しますが、ヌクレオソームは RNA ポリメラーゼによる転写を阻害します。そのため、転写開始と伸長においてヌクレオソームにも構造変化が起きます（図2-11.B）。転写開始段階は、プロモーター周辺のヌクレオソームは、アセチル化修飾された後にクロマチンリモデリング因子によりクロマチンの構造変化がおこり、転写開始複合体を形成できるようになります。さらに転写が始まる段階では、ヒストン結合性因子の FACT が H2A と H2B の 2 量体をヌクレオソームから解離させて、RNA ポリメラーゼによる転写を助けます。RNA ポリメラーゼが通過後に、ヒストンはもとの状態にもどる反応が起こります。

　ヒストンや転写因子のアセチル化や脱アセチル化は、転写コファクターが役割を担います[24]。転写コファクターには、基本転写因子、転写制御因子および RNA ポリメラーゼと相互作用して転写を活性化する役割（コアクチベータ）と転写を抑制する役割（コリプレッサー）があり、ヒストンのアセチル化は修飾型のコファクターが行います。DNA に結合した転写因子に導かれて、

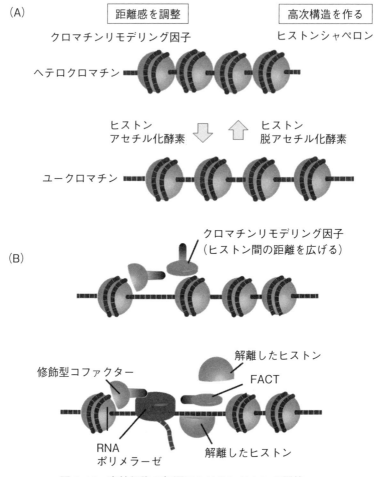

（A）

距離感を調整	高次構造を作る
クロマチンリモデリング因子	ヒストンシャペロン

ヘテロクロマチン

ヒストン
アセチル化酵素　　　ヒストン
脱アセチル化酵素

ユークロマチン

（B）

クロマチンリモデリング因子
（ヒストン間の距離を広げる）

解離したヒストン

FACT

修飾型コファクター

RNA
ポリメラーゼ

解離したヒストン

図2-11　真核細胞の転写におけるヒストンの調節

ヒストンや転写因子をアセチル化して転写を活性化（脱アセチル化の場合は抑制）します。なお、転写コファクターには仲介型のものもあり、こちらは転写因子が結合したプロモーターに結合して、そこに基本転写因子、RNAポリメラーゼを取り込むのを仲介します。

　ヒストンだけでなくDNAもメチル化を受けます。ヒトのDNAのCpG配列中の70〜80%がメチル化されており、脳細胞、心筋細胞、肝細胞などの細

胞への分化と保持には、DNA のメチル化が一役買っています。DNA のメチル化は、DNA メチル化酵素（DNMT）によって行われます。分化などの際にメチル化を行うのが、DNMT3a、DNMT3b です。DNMT3a、DNMT3b は初期胚において非常に高い発現量を示し、さまざまな細胞に分化するのを助けます[25]。また、DNA のメチル化情報は複製の際にも引き継がれます。もしメチル化情報が複製時に引き継がれなければ、分裂のたびに別の細胞に変わってしまい大変なことになります。この引き継ぎ役をするのが DNMT1 で複製直後にメチル化が行われます。ただし、DNMT1 を働かなくした細胞（DNMT1 欠損細胞）でも一部のメチル化は維持されるので、DNMT1 以外の因子もこの引き継ぎに関与しています。一方、細菌は単一の細胞であり、分化する必要がないので、DNA はほとんどメチル化されていません。

（5）　原核生物の遺伝子の転写調節

　原核生物は図 2-12 に示すような転写調節機構により遺伝子発現を調節します[26]。プロモーター領域は RNA ポリメラーゼが結合する場所で、すでに述べたように大腸菌の場合 RNA ポリメラーゼの σ 因子がプリブノウボックスを認識します。大腸以外の原核微生物でもプリブノウボックスに類似した配列があり、それを σ 因子が認識します。原核生物の転写調節因子はプロモーターの前後に存在し、プロモーターのすぐ下流には「オペレーター」という遺伝子の転写を制御する特定の塩基配列があり、リプレッサーがオペレーターに結合すると遺伝子発現が抑制されます（図 2-12.A）。一方、エフェクターはリプレッサーに結合しますが、結合することでリプレッサーがオペレーターに結合できなくするタイプのもの（インデューサー）とエフェクターと結合することでリプレッサーがオペレーターに結合できるタイプのもの（コリプレッサー）があります。また、プロモーターの上流には「アクチベータ結合部位」があります。アクチベータがアクチベータ結合部位に結合すると RNA ポリメラーゼのプロモーター部位への結合が高まり、転写が促進されます（図 2-12.B）。

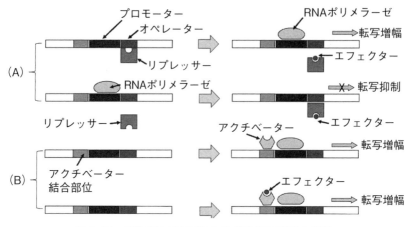

図2-12 原核細胞の転写における遺伝子発現の調節

　また、原核生物の転写調節は「オペロン」と呼ばれる構造になっており[27]、多くの遺伝子を含む領域に対して1つの転写調節領域が対応します。これにより、それらすべての発現量を同時にコントロールしています。そのため、オペロンに属する遺伝子群は1つの代謝経路で働く一連の酵素をコードしているのが一般的です。オペロンとしてはトリプトファンオペロンやLacオペロンがよく知られています。また、アルギン酸の生合成では、一連の酵素群が染色体のあちこちに存在しているにもかかわらず、アルギン酸の供給が十分な環境では単一の制御調節因子で制御されます。このような制御を「レギュロン」と呼びます。

（6）　真核細胞の遺伝子の転写調節

　真核生物の転写活性の制御は、すでに述べた基本転写因子、転写コファクター以外に、DNA配列に特異的に結合する転写制御因子が関わっています。そのような転写制御因子はDNAと結合するためのモチーフ構造を有しており、そのモチーフによりいくつかのグループに分けられます。例えば、bZIPは、α-ヘリックス中の7回に1回の割合でロイシンが存在することで同じ方向にロイシンが並び、2つのタンパク質がジッパーのように結合した「ロイシ

ンジッパー」を持ち、端の塩基性の部分で結合します。この他にも、タンパク質2量体形成に働く塩基性ヘリックス－ループ－ヘリックス（bHLH）、システインとヒスチジンが亜鉛原子と結合した構造のジンクフィンガー、POU ドメインなど多くのものがあります[28]。

　転写制御因子が特定の DNA 配列に結合すると、基本転写因子と結合し、転写を制御します（図2-13）。それ以外にも、コアクチベーターと結合し、それが媒介する場合もあります。

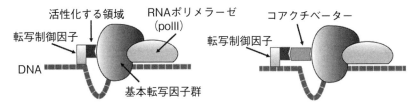

図 2-13　真核細胞の転写における転写制御因子とコアクチベーター

第**3**章
タンパク質の構造と機能

1. タンパク質の合成

（1）　タンパク質の特徴

　タンパク質を構成する約20種類のアミノ酸（α-アミノ酸）は、1つの炭素原子に、アミノ基、カルボキシ基、水素原子が結合した化合物です（図3-1）。アミノ酸がペプチド結合で繋がったものをペプチドといい、2個繋がったものをジペプチド、3個の繋がったものをトリペプチド、20個程度までのものをオリゴペプチド、50個程度までのものをポリペプチド、それよりも長いものをタンパク質と呼びます。ペプチドあるいはタンパク質の両末端には、アミノ基とカルボキシ基があるため、それぞれN末端、C末端と呼びます。タン

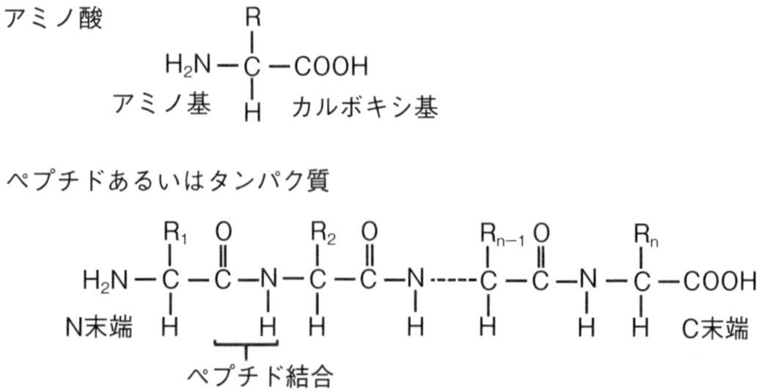

図 3-1　アミノ酸とタンパク質の構造

パク質は、N末端側からC末端側に向かって合成されます。

　タンパク質は表3-1のように、成分や役割により分類することができますが、成分で分けるとアミノ酸だけからなる単純タンパク質とアミノ酸以外の成分を含む複合タンパク質に分類できます。複合タンパク質には糖タンパク質、金属タンパク質、核タンパク質、色素タンパク質などがあります。糖タンパク質は糖鎖が結合したタンパク質で、真核生物では多くのホルモンや細胞膜のタンパク質などが糖タンパク質として存在します。金属タンパク質は、補因子として金属イオンを有するタンパク質で、金属イオンとしては鉄、銅、亜鉛、マグネシウムなどのイオンを有するものがあります。核酸と結合したタンパク質を核タンパク質といい、DNAと結合してDNAを巻きとる役割のヒストンやrRNAと結合してリボソームを作るタンパク質などがあります。色素タンパク質は、天然の状態で特定の色素と結合しているタンパク質で、ヘモグロビン、ミオグロビンなどのヘムタンパク質などがあります。また、タンパク質の形状は球形に近い形をした「球状タンパク質」が多いのですが、繊維状タンパク質も存在します。代表的な繊維状タンパク質としては、筋肉にあるミオシン、皮膚のコラーゲンやエラスチン、血液凝固を促すフィブリノーゲンなどです。

表3-1　タンパク質の成分及び役割による分類

成　分	特　徴
単純タンパク質	
複合タンパク質	
┌糖タンパク質	糖鎖がついたタンパク質
│金属タンパク質	金属イオンを含むタンパク質
│核タンパク質	核酸とタンパク質の複合体
└色素タンパク質	色素のタンパク質
役　割	特　徴
細胞活動	収縮や輸送のタンパク質
	構造を形成するタンパク質
信号	ホルモン・抗体
信号伝達	受容体・転写因子
酵素	反応を触媒するタンパク質

　また、タンパク質は生体内でさまざまな役割をするものがあります。例え
ば、アクチン、ミオシン、チューブリンのような細胞骨格タンパク質、ヘモグ
ロビンやアルブミンのような輸送タンパク質、コラーゲンのような細胞や組織
の構造を作るタンパク質、生体の信号を伝えるホルモンや信号を受け取り内部
に伝える受容体タンパク質、転写を促す転写因子、外敵に結合する抗体、生体
反応を触媒する酵素が挙げられます。

（2）　翻訳装置

　mRNA の遺伝情報をタンパク質に変換することを「翻訳」と言います。
mRNA の遺伝情報は、コドン（3つの塩基配列）から成り立っており、翻訳
時に1コドンが1つのアミノ酸に変換されます。コドンをアミノ酸に置き換え
る役割を担うのがトランスファー RNA（tRNA）です（図3-2）[29]。tRNA は
80 塩基前後の RNA 分子で、4か所のパリンドローム配列により3つ葉のク
ローバーのような構造をとり、3つの葉の部分のひとつにアンチコドン（コド
ンと結合する部分）があります。

　アミノアシル tRNA は、アミノアシル tRNA 合成酵素により tRNA の 3'-

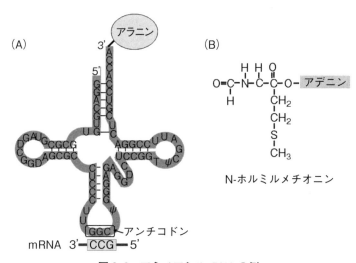

図 3-2　アミノアシル tRNA の例

表3-2　コドンとそれに対応するアミノ酸

UUU ⎤ Phe UUC ⎦ UUA ⎤ Leu UUG ⎦	UCU ⎤ UCC ⎥ Ser UCA ⎥ UCG ⎦	UAU ⎤ Tyr UAC ⎦ UAA ⎤ 終止 UAG ⎦	UGU ⎤ Cys UGC ⎦ UGA　終止 UGG　Trp
CUU ⎤ CUC ⎥ Leu CUA ⎥ CUG ⎦	CCU ⎤ CCC ⎥ Pro CCA ⎥ CCG ⎦	CAU ⎤ His CAC ⎦ CAA ⎤ Gln CAG ⎦	CGU ⎤ CGC ⎥ Arg CGA ⎥ CGG ⎦
AUU ⎤ AUC ⎥ Ile AUA ⎦ AUG　Met	ACU ⎤ ACC ⎥ Thr ACA ⎥ ACG ⎦	AAU ⎤ Asn AAC ⎦ AAA ⎤ Lys AAG ⎦	AGU ⎤ Ser AGC ⎦ AGA ⎤ Arg AGG ⎦
GUU ⎤ GUC ⎥ Val GUA ⎥ GUG ⎦	GCU ⎤ GCC ⎥ Ala GCA ⎥ GCG ⎦	GAU ⎤ Asp GAC ⎦ GAA ⎤ Glu GAG ⎦	GGU ⎤ GGC ⎥ Gly GGA ⎥ GGG ⎦

末端のアデニンにコドンに対応するアミノ酸が結合した分子（図3-2. A）で、翻訳にはアミノアシル tRNA を使います。アミノアシル tRNA 合成酵素は20種類のアミノ酸に対応するレパートリーがあります。表3-2にコドンとそれに対応するアミノ酸を示します。1つのアミノ酸に対応するコドンは数種類ありますが、アミノアシル tRNA 合成酵素がアーム部分を認識することで、異なるコドンに対して、1つのアミノ酸をあてがえる仕組みになっています[30]。

　一方、翻訳の工場となるのが、図3-3に示すリボソームです。タンパク質は細胞にとって重要な化合物で膨大な量が必要なため、1個の真核細胞あたり数百万個のリボソームが存在すると言われています。リボソーム RNA（rRNA）はパリンドロームに富む配列であり、転写された rRNA は隙間の部分にリボソームタンパク質をうまく取り込んで立体構造を形成します。リボゾームは大サブユニットと小サブユニットからなり、真核生物では、約49種類のリボソームタンパク質が3種類の rRNA と結びついて大ユニットを形成し、約33種類のリボソームタンパク質が1種類の rRNA と結びついて小ユニットを形

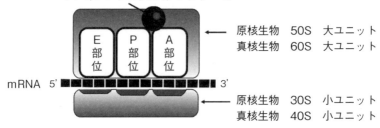

図3-3　リボソーム

成しています。リボソームの小ユニットには mRNA 結合部位があり、mRNA のコドンを識別します。一方、リボソームの大ユニットには、3つの空洞（E 部位、P 部位、A 部位）が存在し、空洞にアミノアシル tRNA を取り込んでタンパク質を合成する作業を行います。また P 部位と A 部位にはアミノアシル tRNA デアシラーゼとペプチジルトランスフェラーゼが結合しており、それらの酵素がアミノアシル tRNA からアミノ酸を切断し、隣のアミノ酸と結合します[31]。

（3）　翻訳の流れ

　原核生物の翻訳は図3-4のように開始されます。まず、リボソームに翻訳開始因子が結合して解体し、解体した30S リボソームが mRNA のリボソーム結合部位（Shine-Dalgarno（SD）配列）に結合して下流の開始コドン（AUG）に移動します。開始コドンには N- ホルミルメチオニン（図3-2.B）が結合したアミノアシル tRNA が結合し、開始複合体を形成します。その後、翻訳開始因子が外れて50S リボソームが結合し、翻訳が開始されます。

　一方、真核生物では図3-5に示すように翻訳を開始するための複合体形成に多く翻訳開始因子（eIFs）が関わります[32]。翻訳開始因子、リボソームの小ユニット、メチオニンが結合したアミノアシル tRNA（Met-tRNA）が複合体を形成し、mRNA の5' 末端にあるキャップ構造に結合します。その後、mRNA 沿って下流に移動してコザック配列（GCCRCCAUGG）よりも下流で

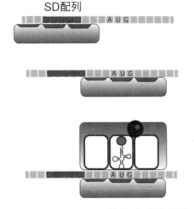

SD配列に30Sリボソーム
が結合する

AUGがP部位に来るまで30S
リボソームが移動する

N-ホルミルメチオニルtRNA
と50Sリボソームが結合して
複製が開始する

図 3-4　原核細胞の翻訳開始

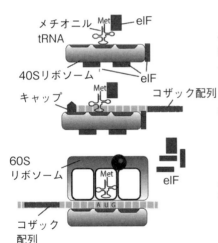

40Sリボソームに真核生物の
翻訳開始因子（eIFs）とメチオニ
ルtRNAが結合して複合体になる

mRNAのキャップ構造を認識し
て複合体が結合する

AUGまで移動してeIFsが外れ
60Sリボソームが結合する

図 3-5　真核細胞の翻訳開始

　最初に登場する AUG 配列を見つけ出します。そして最後に、リボソームの大
ユニットが結合し、翻訳開始因子がはずれて翻訳が開始されます。
　次に伸長反応ですが、原核生物、真核生物とも図 3-6 のプロセスで進行し
ます。まず、コドンに対応するアミノアシル tRNA が A 部位に結合します。
P 部位にあるアミノアシル tRNA のアミノ酸が切断され、A 部位のアミノア

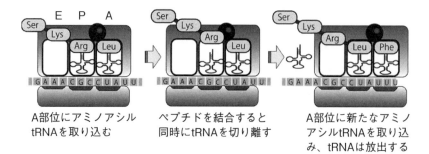

A部位にアミノアシル tRNAを取り込む

ペプチドを結合すると 同時にtRNAを切り離す

A部位に新たなアミノ アシルtRNAを取り込 み、tRNAは放出する

図3-6 翻訳における伸長反応

シル tRNA のアミノ酸と結合します。すると、大ユニットがコドン1つ分だけ3′側に移動して切断し終えた tRNA を E 部位にいれると同時に A 部位に空洞を作り、小ユニットが移動します（この移動をトランスロケーションと呼びます）。E 部位に入った tRNA はリボソームの外に放出され、空洞になった A 部位にはその位置のコドンに対応するアミノアシル tRNA が結合して同様の反応が行われ、ペプチド鎖の合成が進行していきます。トランスロケーションにより、リボソームがある程度まで移動して、mRNA のみの部分を生じると、次のリボソームが結合します。そのため翻訳中の mRNA には、80 塩基程度の間隔でいくつものリボソームが結合した状態（ポリリボソーム）になっています。

　翻訳の停止は、図3-7のように、終止コドン（UAA、UAG、UGA）で行われます。A 部位に終止コドンがくると、それぞれの終止コドンに対応する終結因子が結合します。すると、ペプチジルトランスフェラーゼは、アミノ酸を切断する際に転移反応ではなく加水分解反応を触媒し、合成し終えたペプチド鎖を切り離します。トランスロケーションにより終結因子が P 部位に移動すると、それが翻訳終了のシグナルとなり、リボソームは解体され翻訳が終了します。

　原核生物の翻訳は、真核生物の翻訳と異なる点が他にもあります。原核生物の場合は、「ポリシストロニック」と言って、1つの mRNA に多くの遺伝子が存在したり、1つの遺伝子から2つ以上の異なるタンパク質を作ったりしま

終止コドンに終結因子　　加水分解反応によりC末　リボソームが解体される
が入る　　　　　　　　　端ができ、P部位に移動

図 3-7　翻訳における終結反応

す。そのため、原核生物のリボソーム結合部位は mRNA 内にいくつか存在し
ており、1つの mRNA から多数の異なるタンパク質を作れる仕組みになって
います。さらに、原核生物の場合は核がないので、RNA ポリメラーゼが合成
中の mRNA にリボソームが結合し、転写と翻訳が同時進行します。

2.　タンパク質の立体構造と修飾

（1）　翻訳したタンパク質の立体構造

　翻訳により合成されたポリペプチド鎖は、自分自身で立体的な構造（2次構
造）を作ります。タンパク質のペプチド結合は一定の間隔で存在するので、
N-H 部分と C=O 部分が水素結合して α-ヘリックスや β-シートという構造
をとります。さらに、α-ヘリックスや β-シートは隣同士で相互作用すること
で、その構造を強固にします。例えば、α-ヘリックスでは、2本以上の α-ヘ
リックスの非極性側鎖が集まって巻きついたコイルドコイル（coiled-coil）と
いう構造をとる場合があります。β-シートは、同じ向きだけでなく逆向きに
も作ることができ、安定した強固な構造をとるのに役立ちます。

　さらに、アミノ酸の側鎖部分が折りたたみ構造に深く関わっています。極
性アミノ酸の極性側鎖は水素結合やファンデルワールス力によりアミノ酸同士
や水分子と相互作用し、非極性アミノ酸の疎水性側鎖は内側に折りたたまれた
状態で集まってきます。最終的には折りたたみ構造やループ構造、あるいは

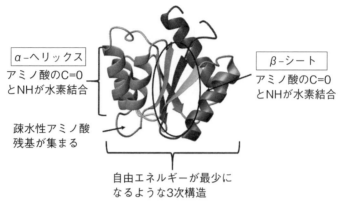

α−ヘリックス
アミノ酸のC=O
とNHが水素結合

β−シート
アミノ酸のC=O
とNHが水素結合

疎水性アミノ酸
残基が集まる

自由エネルギーが最少に
なるような3次構造

図3-8　CheY タンパク質の3次構造の例

（出典：Gun Free Document）

ランダムコイル構造を形成し、それが α− ヘリックスや β− シートと相互作用して、タンパク質全体の自由エネルギーが最少になるように立体構造（3次構造）を形成します [33]。図3-8 に細菌の CheY タンパク質の3次構造を例として示しました。また、タンパク質の立体構造の安定化には、システインの側鎖にあるスルフィド基が重要です。立体構造を形成した際に、隣接する2つのスルフィド基が結合してジスルフィド結合を作りますが、ジスルフィド結合は共有結合なのでタンパク質の構造を強固なものにします。

　タンパク質は、単独で機能するものもありますが、いくつかのタンパク質が集まって初めて機能するタンパク質もたくさんあります。このような2つ以上のタンパク質の集合体になった構造をタンパク質の4次構造といい、それぞれをサブユニットと呼びます。タンパク質の4次構造は、ヒストンのような8量体を形成するもの、抗体分子のように H 鎖と L 鎖からなる分子が2量体を形成するもの、まったく異なる分子の集合体のものなどさまざまです。

（2）　タンパク質の修飾

　タンパク質を正しい立体構造にしたり、糖鎖を付加したりするのが、粗面小胞体の役割です。リボソームは細胞質に遊離した状態と粗面小胞体に結合し

た状態で存在しますが、複雑な修飾が必要なタンパク質は、粗面小胞体で加工
が施されます。

　粗面小胞体へは図 3-9 に示す方法で輸送します。粗面小胞体に送られるタ
ンパク質には、N 末端側に「小胞体シグナルペプチド」と呼ばれる短いペプ
チドのタグが付加されており、翻訳によりシグナルペプチド部分が合成される
と、タンパク質 -RNA 複合体のシグナル認識粒子（SRP）が結合して翻訳が
一時停止します。そして、SRP は粗面小胞体の SRP 受容体と結合してシグナ
ルペプチドの N 末端側から膜の中に差し込むのを手助けします。シグナルが
挿入されると、SRP が外れて翻訳が再び開始され、タンパク質が粗面小胞体
内に送り込まれます。タンパク質が粗面小胞体に入ったら、シグナルペプチ
ダーゼにより小胞体シグナルペプチドが切断され、シグナルのないタンパク質
になります[34]。

　タンパク質の立体構造は自由エネルギーを最少にする構造であり、自らそ
の構造を形成すると言いましたが、実際にはまわりの環境に影響を受けたり、
近くの分子と凝集が起こったりすることで、正しい立体構造の形成が阻害され
ます。タンパク質を正しい立体構造にすることを「フォールディング」と呼び
ますが、細胞は「分子シャペロン」と呼ばれるタンパク質群を利用して、正し
いフォールディングを行います[35]。代表的な分子シャペロンの「シャペロニ
ン」はいくつもの分子が会合して大きなカゴのような構造（図 3-10）になっ

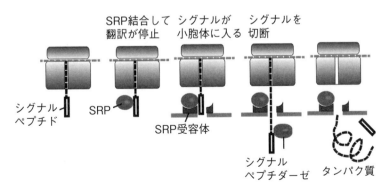

図 3-9　粗面小胞体へのタンパク質の取り込み

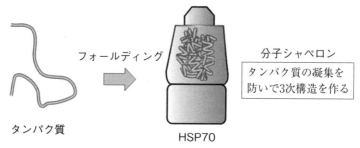

フォールディング

分子シャペロン

タンパク質の凝集を
防いで3次構造を作る

タンパク質

HSP70

図 3-10　分子シャペロンによるタンパク質の 3 次構造の形成

ており、その中に分子を取り込んで他の分子との会合を防ぐと同時に正しい高
次構造を構築する手助けをします。分子シャペロンには HSP70 のように、変
性したタンパク質を正しい 3 次構造に戻す機能（リフォールディング機能）を
有するものもあります[36]。分子シャペロンによるフォールディングは粗面小
胞体の中で行われますが、分子シャペロンは細胞質にも存在し、遊離のリボ
ソームにより作られた細胞質中のタンパク質に対してもフォールディングが行
われています。

　糖鎖が結合したタンパク質を「糖タンパク質」と呼びます。例えば、ヒトの
ホルモンには糖タンパク質がいくつもあり、その糖鎖が活性に重要な役割を果
たします。糖タンパク質は、粗面小胞体で N 結合型糖鎖の基本構造が付加さ
れます（図 3-11.A）。N 結合型糖鎖は、アスパラギン側鎖のアミド部分に N-
アセチルグルコサミン（GlcNAc）が β 結合したもので、糖が伸長すると高マ
ンノース型、ハイブリッド型、複合型の N- 結合型糖鎖が形成されます（図 3
-11.B)[37]。

　粗面小胞体での作業が終わると、ゴルジ体へ運ばれてタンパク質の修飾の
仕上げが行われます。その際に、N- 結合型糖鎖に対して、糖鎖のリン酸化、
マンノースの除去、N- アセチルグルコサミンの付加、ガラクトースやシアヌ
ル酸の付加が行われ、さらにはセリン（Ser）あるいはスレオニン（Thr）側
鎖の酸素原子に糖鎖が結合する O 結合型糖鎖の付加も行われます（図 3-11.
C)。

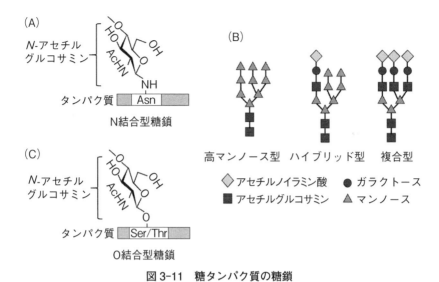

図 3-11　糖タンパク質の糖鎖

　最終的にゴルジ体での修飾を終えたタンパク質は、さまざまなオルガネラに送り届けられます。例として、核局在化シグナル（NLS）を持ったタンパク質の場合を図 3-12 に示します。NLS が付加したタンパク質は、NLS にインポーチンが結合して NLS 受容体を活性化し、核膜に孔をあけることでタンパク質が通過します（核膜から出る場合は、エクスポーチンと結合します）。一

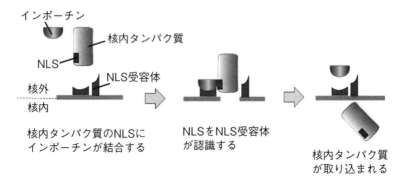

図 3-12　NLS によるタンパク質の核への輸送

方、細胞外への分泌タンパク質は濃縮されて分泌顆粒となり、細胞膜より分泌されます[38]。

　このように、正しく送り届けるために、核局在化シグナル、ミトコンドリアのマトリックスへのシグナルペプチド、ペルオキシソームへのシグナルペプチド、小胞体移行や小胞体残留シグナルペプチドがタンパク質内に存在し、それらのシグナルペプチドを使ってタンパク質を最終輸送先へと届けます。

第 **4** 章

細胞の信号交換

1. シグナル伝達による遺伝子発現の制御

（1） シグナル伝達を司る分子

　細胞はさまざまなホルモンや有機化合物を細胞外から信号として受け取り、その信号をオルガネラのタンパク質や核内の遺伝子に伝えています。外からのシグナルを受け取るタンパク質を「受容体」、受容体に結合する化合物を「リガンド」と呼びます。受容体の多くは細胞膜に存在しますが、脂溶性ホルモンなどのように核まで到達できるリガンドの場合には核内に受容体が存在する場合もあります。

　受容体は、リガンドが結合することで活性化され、その信号をさまざまなタンパク質や化合物に伝えていきます。その伝達手段のひとつが「リン酸化」です。リン酸化酵素がタンパク質をリン酸化するとその構造が大きく変化することで活性化し、ホスファターゼがそのリン酸化部分を取り除くことで不活化します。このリン酸化と脱リン酸化の反応速度は速いので、迅速さが求められる信号伝達には好都合です。シグナル伝達に利用される代表的なリン酸化酵素には、セリンやスレオニンを特異的にリン酸化するキナーゼ（cAMP キナーゼ、プロテインキナーゼ、MAP キナーゼなど）、チロシンを特異的にリン酸化するキナーゼ（チロシンキナーゼ）、スレオニンと１つのアミノ酸を挟んだチロシンの両方をリン酸化する２重特異性キナーゼ（MAP キナーゼキナーゼなど）があります。この他にもタンパク質のさまざまな構造変化が信号の伝達

に関与します。

　さらに、細胞内で生成した信号を伝える「セカンドメッセンジャー」と呼ばれる化合物もあります。セカンドメッセンジャーには、シグナルが活性化すると増加してタンパク質と結合し、タンパク質の活性化を助ける働きがあります。代表的なセカンドメッセンジャーは、サイクリック AMP（cAMP）、カルシウムイオン、イノシトールトリスリン酸（IP3）です。伝達されたシグナルは最終的に核外で働いたり、転写因子に働きかけて核内で遺伝子の転写をコントロールしたります。さらに、細胞内で情報を相互に伝えたり、シグナルが規則正しく働いて発生や細胞分裂が行われる場合もあります。

　多くの病気はシグナル伝達の異常が引き起こすものです。それゆえ、シグナル伝達を理解することはバイオテクノロジーを利用した医薬品を開発する上で非常に重要です。この章では、さまざまなシグナル伝達について説明します[39-41]。

（2）　G タンパク質共役型受容体による信号の受け取り

　それでは、外部の信号を受け取る受容体から説明します。代表的な受容体として G タンパク質共役型受容体（GPCR）があります。GPCR は、7 つの α ヘリックスが細胞膜を貫通した構造の受容体であり、α、β、γ からなるヘテロ 3 量体の G タンパク質と結合しています。水の輸送を担うアクアポリンや Na/K チャネルなどのイオンチャネル型受容体も GRCR です。ヒトでは約 700 種ある 7 回膜貫通受容体のうち、400 種が GPCR の一種である臭覚受容体と言われています。

　GPCR にリガンドが結合すると受容体の構造が変化します（図 4-1）。それに伴って、G タンパク質は GDP 結合型から GTP 結合型に変化し、Gα と Gβγ に解離します。Gα はクラス（Gs、Gi、Gq、G12 など）に分類され、それぞれのクラスには複数のメンバーが存在し、そのメンバーごとに伝達先を変えています。GTP 結合型 Gα は、アデニル酸シクラーゼ（AC）、イノシトールリン脂質、ホスホリパーゼ C（PLC）を活性化（あるいは不活性化）して信号をその先に伝えます。また、シグナルの不活性化は、GTPase を活性化して

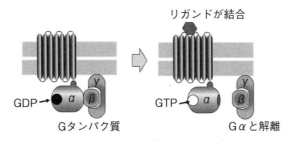

図 4-1　G タンパク質共役型受容体を介するシグナルの取り込み

GPCR の GTP を GDP にすることにより起こります。このように G タンパク
質を調節するものを RGS タンパク質と言います。

（3）　GPCR 以外の受容体による信号の受け取り

　GPCR 以外の受容体として、チロシンキナーゼ型受容体やセリン・スレオ
ニンキナーゼ型受容体など、タンパク質をリン酸化する酵素の「キナーゼ」を
媒介する「酵素共役型受容体」があります。チロシンキナーゼ型受容体は、サ
イトカインや成長因子（EGF、FGF、IGF）の受容体が該当し、セリン・ス
レオニンキナーゼ型受容体は、BMP、TGF-β、アクチビンファミリーなど
の受容体が該当します。

　チロシンキナーゼ型受容体は、細胞膜を 1 回貫通したチロシンキナーゼを有
する場合と、細胞膜を貫通する受容体が膜貫通領域を持たないチロシンキナー
ゼと複合体になっている場合があり、多くは単量体として存在しています。リ
ガンドが受容体に結合すると構造変化をおこしてチロシンキナーゼが活性化さ
れ、受容体分子のチロシンがリン酸化されます。そこにモジュールを有するア
ダプター役のタンパク質が結合して信号を伝えます。モジュールとは、目的の
タンパク質と特異的に結合する部分であり、SH2、SH3、WW、PDZ、PH な
ど多くのモジュールが見つかっています。

　例えば、EGF 受容体の場合（図 4-2.A）、リガンドが EGF 受容体に結合す
ると 2 量体を形成してお互いの受容体分子のチロシンをリン酸化します。する
と、PLCγ、PI3 キナーゼが結合して活性化し、Grb2 が結合した Sos が結合

して活性化し、Ras へと信号を伝えます。

　これ以外にも、ドッキング役のタンパク質（ドッキング因子）が、受容体と結合して橋渡しの役割をする場合もあります。ドッキング因子として、IRS、Gab、FRS2、Dos、Dok、LAT などが知られています。例えば、インスリン受容体（図4-2.B）の場合、リガンドがインスリン受容体の間に結合すると2量体を形成してお互いの受容体分子のチロシンをリン酸化します。その後、IRS がドッキング因子として働き、IRS に PLCγ、PI3 キナーゼが結合して活性化し、Grb2 が結合した Sos が結合して Ras 活性化してシグナル伝達を行います。

　また、サイトカイン受容体やインターフェロン受容体にはさまざまな経路があり、例えば JAK-STAT 系により伝達する経路があります。JAK は、キナーゼ領域を2つ持つチロシンキナーゼで、初めから受容体に結合しています。リガンドが受容体に結合すると構造変化により JAK がリン酸化されて活性化し、受容体をリン酸化します。すると STAT がそこに結合してリン酸化

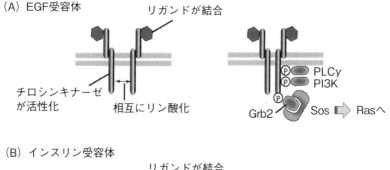

（A）EGF受容体

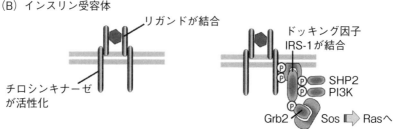

（B）インスリン受容体

図4-2　チロシンキナーゼ型受容体を介するシグナルの取り込み

されることで活性化し、活性化したら STAT が別の因子と結合して核に移行
して転写因子として働きます。さらに受容体のリン酸化部分のうち、STAT
が結合する場所とは異なる場所には、アダプター因子の Shc が結合して
Grb2/Sos を引き寄せ、Ras を活性化します。例えば、α、β、γ 鎖で構成され
るインターロイキン（IL）2 受容体（図 4-3.A）では、β 鎖と γ 鎖に JAK1 と
JAK3 が隣接せずに結合しています。リガンドが結合すると、JAK 同士をお
互いにリン酸化して活性化します。活性化した JAK は、β 鎖をリン酸化し、
リン酸化部分に STAT5 が結合すると JAK が STAT5 をリン酸化して 2 量体
となり p48 と結合した複合体が核の中に入ります。他方、アダプター因子の
Shc もリン酸化部位に結合して Grb2/Sos を引き寄せ、Ras を活性化します。
JAK-STAT 系の抑制には、SOCS ファミリーが働きます。JAK-STAT 系が
活性化すると SOSC が誘導され、受容体と JAK に結合してシグナルを抑制し
ます。
　また、TGF-β スーパーファミリー受容体は、Smad によりシグナルを伝達

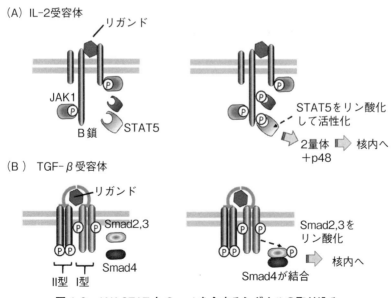

図 4-3　JAK-STAT と Smad を介するシグナルの取り込み

します。TGF-βスーパーファミリーは、細胞増殖を抑制する働きがあるタンパク質で、アクチビンファミリー、BMP ファミリーなど発生期に重要な役割のものが含まれます。Smad には、受容体に特異的な Smad（R-Smad）、TGF-βスーパーファミリーで共通の Smad（Co-Smad）、Smad 機能を抑制する Smad（I-Smad）があります。例えば、TGF-β受容体の場合（図4-3.B）、I 型と II 型受容体があり、リガンドが結合すると I 型と II 型が 2 個ずつ会合し、お互いをリン酸化して I 型受容体を活性化します。活性化された I 型受容体は、R-Smad（Smad2, 3）をリン酸化します。R-Smad の C 末端には、Ser-Ser-X-Ser という配列があり、これがリン酸化されると構造変化により活性に必要な領域が露出し、Co-Smad（Smad4）と複合体を結合して核に移行して、転写因子として働きます。

（4）　低分子量 GTP タンパク質を経由するシグナル伝達

　GPCR によりセカンドメッセンジャーに伝えられた情報やチロシンキナーゼ型受容体から伝えられた情報の多くは、低分子量 GTP タンパク質が受け取ります。低分子量 GTP タンパク質は単量体であり、Ras ファミリー、Rho ファミリー、Rab ファミリーなどのファミリーに分けられ、それぞれのファミリーには多くのメンバーが存在します。Ras ファミリーが全体的なシグナル伝達を担い（図4-4）、Rho ファミリーがストレスファイバー、Rab ファミリーがエンドサイトーシスを担当するといった具合に、情報経路をうまく分担しています。

　Ras の活性化には、Grb2 が結合した Sos、カルシウムあるいはカルシウムと DAG 共存下によりにより活性化される RasGRF や RasGRP、cAMP により活性化される CNrasGEF が Ras 活性化因子として働きます。活性化した Ras は図4-4 のように次の標的を活性化します。例えば活性化 Ras は Raf、PI3 キナーゼ、RalGDS などを活性化します。

　一方、GTPase を活性化して低分子量 GTP タンパク質を不活化するタンパク質を GAP と呼び、Ras では p120GAP、NF1、Gap1^{m} などが知られています。

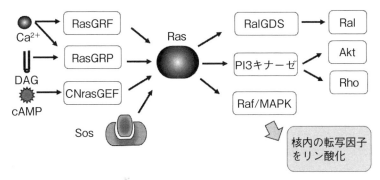

図4-4　Ras タンパク質を経由する信号の流れ

（5）　転写因子への信号伝達

　転写因子へ信号を伝達する重要な経路として ERK 経路が知られています（図4-5）。ERK 経路では RAS が活性化すると Raf → MEK → ERK の順にリン酸化による活性化を誘導します。このように次々とタンパク質をリン酸化して情報を伝達する呼ばれる仕組を「MAP キナーゼカスケード」と呼び、ERK 経路以外に JNK 経路や p38 経路もあります。活性化した ERK は一部が核内に移行してさまざまな転写因子をリン酸化して遺伝子の発現を調節します。MAP キナーゼカスケードは、異なる刺激に応答する数種類のものが存在して経路を分担する必要があることから「スキャホールド因子」と呼ばれる複数のキナーゼと結合できる足場タンパク質に結合しています。

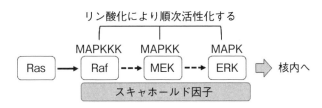

MAPKKK：MAP キナーゼキナーゼキナーゼ
MAPKK：MAP キナーゼキナーゼ
MAPKK：MAP キナーゼ

図4-5　ERK 経路

　その他にも、図4-6のように転写因子へ信号を伝達するいくつかの経路があります。例えば、cAMP-PKA経路では、Gαにより活性化されたアデニル酸シクラーゼがセカンドメッセンジャーのcAMPを合成します。プロテインキナーゼA（PKA）は、触媒と制御ユニットが2つずつの4量体ですが、cAMPが増加すると制御ユニットとcAMPが結合することで活性化した触媒ユニットが解離します。活性化したPKAは、細胞質のタンパク質や核内のCREBなどの転写因子をリン酸化により活性化します。また、GαはホスホリパーゼC（PLC）を活性化し、PIP2からIP3やジアシルグリセロール（DAG）を合成します。IP3は、小胞体のチャネルに結合してCa^{2+}を放出します。一方、DAGやCa^{2+}が結合したプロテインキナーゼC（PKC）は細胞膜に移行して活性化し転写因子をリン酸化します。また、イオンチャネルや小胞体からのCa^{2+}の取り込みや分泌による増加により、カルモジュリン（CaM）はCa^{2+}

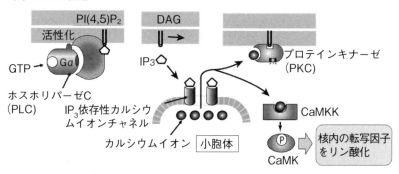

図4-6　アデニル酸シクラーゼやホスホリパーゼCを利用する経路

と結合してカルモジュリンキナーゼキナーゼ（CaMKK）を活性化し、カルモ
ジュリンキナーゼ（CaMK）をリン酸化して活性化し、CaMK が核内に移行
して転写因子をリン酸化します。

　受容体は細胞膜に存在するものを述べてきましたが、核内に存在する受容
体もあります。例えば、ステロイドホルモン、甲状腺ホルモン、レチノイン
酸、ビタミン D は核の中で受容体と結合して転写因子として働きます。現在
までに、約50種類の核内受容体が見つかっていますが、その多くはリガンド
がわからない受容体です。核内受容体は、A ～ F の6つのドメインがあり、
A と B のドメインは転写活性能があり、C ドメインと E ドメインには DNA
結合領域（DBD）とリガンド結合領域（LBD）がそれぞれあります。核内受
容体の DBD がゲノム DNA 上の特異的な配列（HRE）を認識して結合しま
す。また、不可逆的なシグナル伝達も存在します。例えば、Notch シグナル伝
達では、細胞膜上に存在する Notch に Delta が結合すると、膜内のタンパク
質が切断され、核内に入り転写調節を行います。

　シグナル伝達は複雑で広範囲の内容を含むため、本書ではその一部しか紹
介していません。もっと詳しく知りたい人はシグナル伝達に関する本を参照し
てください。

2. シグナル伝達による細胞の制御

（1）エキソサイトーシスとエンドサイトーシス

　細胞外への情報物質の放出はエキソサイトーシスにより行われます[42]。エ
キソサイトーシスでは、図4-7の右側に示した小胞体 → ゴルジ体 → リサイク
リングエンドソーム（REs）→ 細胞膜という REs を介した経路が存在してお
り、細胞接着因子などが REs を経由して細胞膜へ輸送されています。また、
最終的な細胞外への放出は、エクソソーム、マイクロベシクル、アポトーシス
小体などの細胞外小胞として放出されます。

　これらの中で、エクソソームが、がんと関係が深いことから特に注目されて
います[43]。エクソソームは、細胞内にできたエンドソームがさらに陥入する

ことで膜小胞が作られ、それが細胞外に放出されたものです[44]。そのため、エクソソームには、その表面に送り手側の細胞のメッセージである細胞膜成分が含まれており、表面マーカーや大きさ等により受け手をある程度特定することができます。エクソソームは受け手側の細胞に取り込まれると、内包されたmRNA、miRNA、タンパク質などを解き放ち、送り手の情報を受け手に伝えます。

　一方、細胞への取り込みはエンドサイトーシス（図4-7の左側）と呼ばれており、化合物を取り込むピノサイトーシス（飲作用）と細胞を取り込むファゴサイトーシス（食作用）があります。ピノサイトーシスでは、細胞膜のダイナミン－アンフィファイジン複合体などの細胞膜表面のタンパク質が内側に窪みを作って、それを切り離すことで小胞を作り、初期エンドソーム（EEs）を形成します。ファゴサイトーシスは、マクロファージなどの細胞で行われる取り込みで、細胞膜を一度突出して病原体を包み込むためのカップ（ファゴサイトーシスカップ）を形成した後、細胞内に取り込んでEEsを形成します。

　EEsではその次の分解経路に進むかどうかを判断します。分解経路に進む

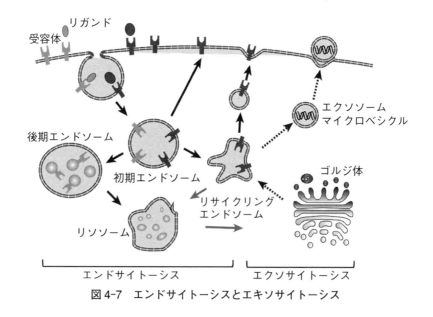

図4-7　エンドサイトーシスとエキソサイトーシス

場合は、後期エンドソーム（LEs）を経て、リソソームと合体します。リソソームの内部は強い酸性で加水分解酵素も豊富に存在しており、細胞外から獲得した分子を分解し、分解により得られたアミノ酸やコレステロールを外に排出して再利用します。また、マクロファージなどの抗原提示細胞ではファゴサイトーシスにより取り込んだ異物タンパク質を、リソソームでペプチド断片に分解して MHC クラス II 分子と結合し、細胞膜へと運び返されて、細胞表面に提示します。

　一方、EEs で次の分解経路に進まずにそのまま利用すると判断した場合は、リサイクル経路にまわされます。リサイクル経路には、EEs から細胞膜に直接戻る経路（fast recycling 経路）と、リサイクリングエンドソーム（REs）を経由する経路（slow recycling 経路）の 2 つ経路があります。このリサイクル経路は、細胞の恒常的な活動に関わる多くのタンパク質の維持や刺激応答に伴うタンパク量の迅速な調整の役割を担っており、例えば、トランスフェリンはリサイクル経路により数百回も再利用されています。

（2）プロテアソームとオートファジー

　もしも、誤って合成した異常なタンパク質や機能低下したオルガネラを取り除けないと、異常信号が蓄積してさまざまな疾患を引き起こしてしまいます。そのため、異常タンパク質やオルガネラの異常信号を感知して分解し、それを回収する仕組みが細胞には備わっています。

　異常なタンパク質（あるいは不要なタンパク質）の分解機構を図 4-8 に示します。異常なタンパク質を生じた場合、その目印の役割をするのが「ポリユビキチン」です [45]。図 4-8 のように ATP のエネルギーを利用してユビキチン活性化酵素 E1 のシステイン残基にユビキチンをチオエステルとして結合した後、それをユビキチン結合酵素 E2 のシステイン残基に渡して結合することで活性化します。ユビキチン結合酵素 E2 が活性化するとユビキチンリガーゼ E3 を含む複合体と結合し、E3 は異常なタンパク質に結合して Lys 残基を介してユビキチンが結合します。この一連の反応の繰り返しにより、ユビキチン分子が鎖状に結合したポリユビキチン鎖が異常なタンパク質に結合します。

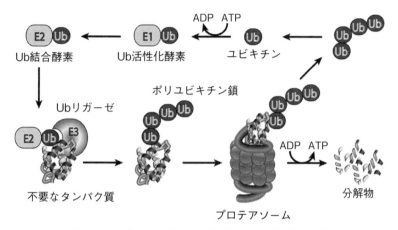

図4-8　ユビキチン系による不要なタンパク質の分解

　異常なタンパク質の分解はプロテアソームにより行われます。プロテアソームは細胞質や核内に存在する巨大な酵素複合体であり、ポリユビキチン鎖により標識されたタンパク質を取り込んで分解します。このユビキチンを介するタンパク質の分解はプロテインノックダウンとして研究や治療に使われ始めています[46]。

　もうひとつの不要物の分解機構として、オートファジーがあります[47]。オートファジーには、①飢餓状態などの細胞ストレスにより誘導され、細胞内の一部を分解して栄養源を確保する機構と、②ストレスのない場合に細胞成分を代謝する機構があります。図4-9のように、オートファジーが誘導されると、細胞質に小胞（隔離膜）が作られ、ユビキチンを目印として包み込み、オートファゴソームになります。オートファゴソームは、細胞内の異常なタンパク質、損傷したオルガネラ、細胞質の内容物などを含んでおり、SNAREタンパク質を介してリソソームと融合してオートリソソームを形成し、リソソームの加水分解酵素がその内容物を分解します。さらに、オートリソソームは多数の小さな小胞になった後、リソソームに変化していきます。

　障害を受けたミトコンドリアの除去やミトコンドリア量の調節にミトコンドリアのオートファジー（マイトファジー）が起こります。さらに、損傷し

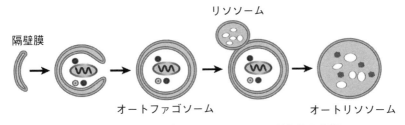

隔壁膜

リソソーム

オートファゴソーム

オートリソソーム

図4-9 オートファジーによる不要なオルガネラの分解

たリソソームに対してもリソファジーと呼ばれる分解が行われます。このように不要になったオルガネラを認識して分解するオートファジーを「オルガネロファジー」と呼びます。オートファジーやプロテアソームは、発生や分化、免疫、シグナル伝達など細胞の働きに関わる重要な機構であり、マイトファジーは老化とも関連性があります[48]。

（3） アポトーシス

　細胞には、オルガネラだけでなく、不要になった細胞や老化した細胞、あるいは異常が起こった細胞を取り除く機構もあります。細胞死には、図4-10のように傷害などで細胞が死ぬ「ネクローシス」と自ら細胞死を行う「アポトーシス」があります[49]。ネクローシスの場合、細胞膜が破綻することで細胞や核が丸く膨潤し、やがて細胞膜が破れます。これに対して、アポトーシスでは、細胞骨格が破壊され、核の断片化と凝集がおこります。そして、突起物を形成して細胞の断片化により、アポトーシス小体ができます。最終的に、マクロファージがアポトーシス小体を貪食することで細胞が消失します。アポトーシスは、生命を維持するのに非常に有効かつ重要な経路であり、がん細胞のように異常な細胞を取り除く以外に、組織を形作るために不要な細胞を除去することにも使われています。例えば、線虫では成長の際に14個の遺伝子が順序よく働いて131個の細胞がアポトーシスを引き起こすことや、ショウジョウバエではリーパー遺伝子によるアポトーシスが、成長に重要な役割をしていることなどが知られています。

　哺乳類でのアポトーシスの信号の流れを図4-11に示します。アポトーシス

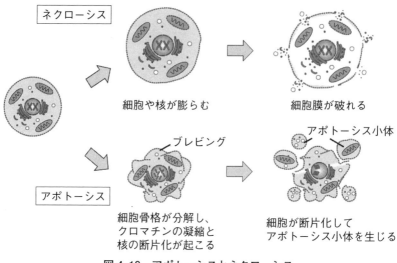

図 4-10 アポトーシスとネクローシス

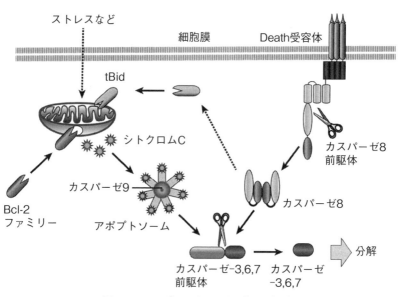

図 4-11 アポトーシスのシグナル伝達

の誘導は、細胞へのストレスや Death 受容体へのリガンド結合により開始されます。通常、細胞は Bcl-2 ファミリーと呼ばれるタンパク質群によってアポトーシスが誘導されないように制御されています。しかし、細胞内外にストレス（刺激）がかかった時 Bcl-2 ファミリー内の Bax や Bak といったタンパク質が活性化することでアポトーシスへと移行します。この反応は紫外線により DNA に重大なダメージを負った時にも p53 が活性化することで生じます。活性化した Bax や Bak はミトコンドリア膜に穴を開け、シトクロム c を細胞質中へと流れだします。流出したシトクロム c は Apaf-1、カスパーゼ 9 と共に「アポプトソーム」と呼ばれる 7 量体を形成し、細胞内のカスパーゼ 3 やカスパーゼ 7 の前駆体を切断することで活性化させます。

　カスパーゼ 3, 7 の活性化は TNFα や FasL と呼ばれるシグナルによっても引き起こされます。TNFα や FasL は細胞膜上にあるレセプターに結合することでそのレセプター同士を凝集させます。このレセプターの細胞内側には「デスレセプター」と呼ばれる部分があり、レセプターが凝集した時に、この部分にカスパーゼ 8 が集まることでカスパーゼ 8 が活性化します。このカスパーゼ 8 は Bid と呼ばれる Bcl-2 ファミリーを活性化させてシトクロム c の放出を誘導しますが、同時にカスパーゼ 3 や 7 を活性化させることもできます。つまり、TNFα や FasL のシグナルを受けた時、即座にアポトーシスが誘導されます。このカスパーゼ 3, 7 は「エフェクターカスパーゼ」と呼ばれ、細胞内のさまざまなタンパク質を切断することでアポトーシスを誘導します[50]。

次世代バイオテクノロジーのツール

　第 2 部は、「次世代バイオテクノロジーのツール」についてです。これらのツールはバイオテクノロジーの研究を行う人にとっては日常的に使う最低限のツールであり、自由自在に使いこなせる必要があります。初めてバイオテクノロジーを始める人はしっかり理解しましょう。

　まず、第 5 章では動物細胞と微生物の取り扱い方について説明します。細胞を培養することは、バイオテクノロジーの基本です。第 6 章では細胞や生体物質を解析する方法について説明します。ここで、紹介した方法は、バイオの研究者が日常的に使う方法であり、必ず知っておいてほしいことです。第 7 章では遺伝子組換えと遺伝子編集について説明します。次世代バイオテクノロジーにこれらの技術は欠かすことができません。

第5章

細胞を取り扱う

1. 動物細胞の特徴と取り扱い

（1）プライマリー細胞と細胞株

　身体の組織の一部を体外に取り出し、その細胞をディッシュやフラスコを用いて培養し始めたものをプライマリー細胞（初代細胞）と呼びます。厳密にはまだ継代培養していない状態のものがプライマリー細胞ですが、数回程度しか継代培養していない細胞もプライマリー細胞と呼ぶのが一般的です。プライマリー細胞は、樹立したときからの分裂回数を PDL（Population doubling level）で表します。プライマリー細胞は数十回しか細胞分裂できませんが、その分裂限界を「ヘイフリックの限界」と言います。分裂が停止する理由は、染色体の末端にあるテロメアが分裂ごとに短縮して、テロメアの長さが限界に到達するためです。体細胞はテロメアを伸長する酵素（テロメラーゼ）を有していますが、この酵素は生殖系の細胞やがん細胞では高発現しますが、通常の体細胞ではテロメラーゼ活性が低いため、分裂ごとにテロメアが短くなってしまいます。

　細胞の培養を続けていると、無限に増殖するようになることがあります。このような偶然に不死化した細胞を「細胞株（セルライン）」と呼びます。細胞株はマウスやラットの細胞では比較的出現しやすく、非常に多くの細胞株が取得されています。これに対して、ヒトの正常細胞は長期培養しても不死化することは非常にまれなため、テロメラーゼ遺伝子を導入する方法やウイルスを

使う方法で不死化を誘導します。ただし、ヒトの場合でもがん組織からは、がん細胞の細胞株をしばしば得ることができます。

　細胞株には、実験に十分な量の細胞を得られることや、細胞の性質があまり変化せず老化を考慮する必要がないことなど多くの長所があり、細胞の性質や遺伝子発現を調べるのによく使われます。逆に、プライマリー細胞の性質の一部が失われていることが細胞株の最大の短所です。一方、プライマリー細胞は本来の性質を持っていますが、入手できる細胞数が少ないことや分裂回数により細胞の性質が変化するため、PDL をできるだけそろえて実験する必要があるという問題があります。

　また、動物細胞の細胞株やプライマリー細胞は均一の集合体ではなく異なる細胞を含む集合体と考えられ、長期培養すると少しずつ性質が変化してしまいます。そのため、細胞株を用いて実験する場合でも細胞株を入手したら、入手してからの PDL をそろえて実験することが望ましいと言えます。ヒトやマウスなどの一般的な細胞株やプライマリー細胞は、理化学研究所、JCRB 細胞バンク、ATCC などの機関から保存株の分譲を受けられます。最近ではさまざまな組織から取り出したプライマリー細胞も市販されるようになってきました。

　動物細胞を取り扱う上で、コンタミネーションの問題にも注意が必要です。近年、HeLa 細胞によるヒトの細胞株のクロスコンタミネーションが起こっているものや、ヒト細胞株の誤認証が見つかって問題になってきました。そのため、医学系の論文への投稿の際には、細胞認証を行うことが求められています[51]。細胞認証は、従来は顕微鏡による形態観察や増殖曲線の解析に頼っていましたが、最近では STR（Short Tandem Repeat）解析が用いられています。STR 解析とは、染色体 DNA に含まれる繰り返し配列（STR）の回数で鑑定する方法で、親子鑑定などで用いられている方法です。ヒトの細胞株の鑑定には、10 以上の部位（ローカス）の STR 解析を行います。

（2）　幹細胞

　幹細胞は、さまざまな細胞に分化する能力を持つ細胞で、成体幹細胞、胚性幹細胞（ES 細胞）、iPS 細胞などがあります。成体幹細胞は体内に存在する最終分化していない細胞で、血球系の細胞に分化できる造血幹細胞、骨芽細胞や脂肪細胞などに分化できる間葉系幹細胞、さまざまな神経系の細胞に分化できる神経幹細胞などです。これらの幹細胞には、損傷や老化した組織を再生する役割があります。

　一方、生殖系以外の細胞に分化できる多能性幹細胞がいくつか見いだされてきました。ES 細胞は、エバンスとカウマンにより発見された幹細胞で、受精卵が分裂する過程で形成する胚盤胞内にある内部細胞塊が ES 細胞です [52]。ES 細胞は胎盤などの胚体外組織以外のすべての身体の細胞に分化することができます。また、京都大学の山仲教授らにより発見された iPS 細胞は、乳腺や皮膚などの細胞に、Oct3/4、Sox2、Klf-4、c-Myc の 4 つの遺伝子を発現させることにより、ES 細胞と同等の性質を持たせた細胞です（ES 細胞と iPS 細胞については第 9 章で改めて説明します）[53]。この他にも、胎児期の始原生殖細胞（PGC）由来の EG 細胞も見つかっています。

（3）　動物細胞の培養と培地

　動物細胞には浮遊性細胞と付着性細胞（接着性細胞）があり、多くの動物細胞は付着性細胞ですが、血球系の細胞の多くは浮遊性細胞です。浮遊性細胞の培養は付着性処理が施されていない培養用のディッシュやフラスコを用い、付着性細胞の培養は付着性処理したものを使います。特に、神経細胞など付着性が弱い細胞では、ポリリジンやラミリン、あるいはマトリゲル基底膜マトリックスなどで前処理してディシュやフラスコへの付着性を高めてから培養します。動物細胞を培養するための培地は、MEM 培地、DMEM 培地、RPMI 培地などの基本培地に牛血清（FBS）を 10％含有した培地がよく用いられてきました。しかし、最近では iPS 細胞や幹細胞の多能性の保持、細胞の分化などさまざまな目的に合わせて、専用培地を用いるようになってきました。また、血清を用いない培地を無血清培地と呼びます。遺伝子を組換えた動物細胞を

使って目的のタンパク質を細胞外に生産する場合には、精製処理が容易な無血清培地を用いることがあります。

　付着性のプライマリー細胞や細胞株を培養すると培養フラスコの底面で増殖し、やがて底面を覆います。底面を覆った状態を「コンフルエント」といい、この状態で培養し続けると細胞死を引き起こします（がん細胞は細胞が重なりあって増え続けます）。そのため、底面の70%程度を細胞が覆ったら、細胞を培養フラスコ（あるいはディシュ）から剥がして集め、新しい培養フラスコで培養します。この植え継いで培養する操作を「継代培養」と言います。付着性細胞を植え継ぐ際には、PBS（−）溶液を用いて細胞を洗浄し、0.025%程度の濃度のトリプシン溶液を用いて細胞を剥がし、血清を含む培地を加えてトリプシンを阻害した後、遠心分離により細胞を集めます。

　細胞の凍結保存は、ジメチルスルホキシド（DMSO）を凍結保護剤とする培地で保存しますが、多くの凍結保存溶液が市販されており、それらを使うと高い生存率が得られます。凍結保存溶液に懸濁した細胞は液体窒素凍結保存容器に入れて、−180℃の液体窒素の中で保存します。この方法は液体窒素の補給にコストと手間がかかるため、最近ではその温度に近いフリーザーが市販されており、それを使うケースも増えてきました。

2.　微生物の特徴と取り扱い

（1）　微生物の培養と保存

　昔から日本は発酵技術に秀でており、「バイオテクノロジー＝発酵技術」として発展してきました。遺伝子編集が主流の次世代バイオの時代に入っても、地球上に存在する未知の能力を持った微生物から、新しい酵素や化合物を見つけ出すことの重要性に変わりはありません。そこで、従来から用いられた微生物の取り扱い方法についても少し説明します。

　微生物の培養には、液体培地以外に寒天培地を用います（図5-1.A）。培地に1〜2%の寒天を入れると固体状になります。寒天培地は、微生物を探し出す操作や微生物を冷蔵庫で保存する際に用いられます。また、培地には栄養を

最少にした「最少培地」があります。最少培地は、微生物をスクリーニングする目的や遺伝子操作で組換え体を選別するときに用います。著者は最少培地として細菌ではDM培地、酵母ではYNB培地を使用しており、栄養豊富な栄養培地として大腸菌ではLB培地、酵母ではYPD培地を使用しています。

　微生物の培養と生産は、少量では試験管や三角フラスコを用いた浸とう培養により行いますが、その生産性は糖濃度、溶存酸素濃度（培地に溶けている酸素濃度）、温度、pH値などの因子に大きく依存します。そのため、微生物の培養を厳密に行う必要がある場合には、図5-1.Aに示すような「ジャーファーメンター」を使用して、これらの因子を厳密にコントロールしながら培養します。

　また、微生物の細胞数は、図5-1.Bに示す濁度法、希釈法、乾燥重量法などにより決めます。球状や楕円状の細胞（大腸菌やパン酵母）の場合には、濁度法を用いるのが便利です。濁度法では細胞懸濁液を石英セルに入れて605〜610nmの光をあてます。すると、光が細胞に当たって散乱が起こり、石英セルを通過する光量が減少します。この減少量（濁度）は、細胞密度に比例するので、濁度を測定することにより細胞密度を算出できます。また、希釈法では、希釈した細胞懸濁液を寒天プレートに50〜100μL程度塗布し、寒天培地にできたコロニー数を数えます。コロニーとは1つの細胞が増殖して塊となったものであり、コロニー数は塗布した細胞懸濁液に含まれていた細胞数と同じです。したがって、コロニー数から希釈前の細胞懸濁液の細胞密度を算出することができます。希釈法は前もって検量線を作成しなくても細胞数を算出できるメリットがある反面、精度は濁度法に劣ります。

　カビや放線菌のように、菌糸の形状を有する場合にはこれらの方法では測定できないため、「乾燥重量法」が用いられます。サンプリングした培養液から遠心分離により細胞を集めて、100〜120℃程度で数時間乾燥して乾燥菌体にし、その重量を測定します（乾燥温度と時間は細胞により異なります）。

　微生物の保存は、凍結法や凍結乾燥法で行います。寒天培地上に生やした微生物は冷蔵庫で数か月間しか生存できないので、斜面培地（寒天培地を試験管の中で斜めに固めたもの）や平板培地を用いて、継代培養する必要がありま

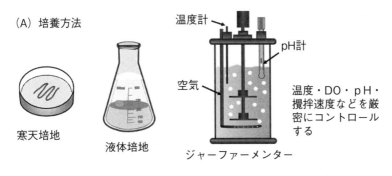

（A）培養方法

寒天培地

液体培地

温度計

pH計

空気

ジャーファーメンター

温度・DO・pH・攪拌速度などを厳密にコントロールする

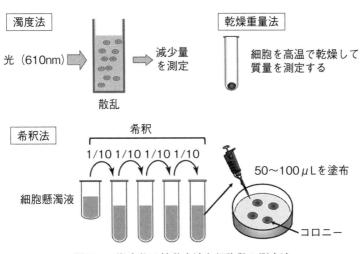

（B）細胞数の測定法

濁度法

光（610nm）

散乱

減少量を測定

乾燥重量法

細胞を高温で乾燥して質量を測定する

希釈法

希釈

1/10 1/10 1/10 1/10

細胞懸濁液

50〜100μLを塗布

コロニー

図5-1　微生物の培養方法と細胞数の測定法

す。そのため、長期間保存したい場合は、細胞懸濁液とグリセロールを1：1程度に混合して−80℃の冷凍庫で保存する方法（凍結法）や凍結した後に真空にする方法（凍結乾燥法）を使います。これらの方法を用いれば、微生物を何十年もの間保存できます。保存した微生物は、液体培地を加えて懸濁し、その懸濁液を寒天培地に塗布することにより、増殖を再開するようになります。

（2） 微生物のスクリーニングと同定

　土壌や海水に生息する微生物の中から、標的となる微生物を探し出すことを「スクリーニング」といいます。スクリーニングは、どのような化合物をスクリーニング培地として使うかが成功の鍵となります。一般に分解菌をスクリーニングする場合には、最少培地を用いる方法が利用されます。微生物は炭素、窒素、硫黄、リン、ミネラルなどを含む化合物を培地から取り込み、それを利用することで増殖します。培地中に炭素あるいは窒素を含む化合物が1つしかない場合、それらの化合物を単一炭素源、単一窒素源といいます。光合成により二酸化炭素を利用する光合成細菌や窒素を利用する根粒菌など特殊な微生物も存在しますが、ほとんどの微生物は単一炭素源あるいは単一窒素源を除いた培地で増殖することができません。この原理を使って、単一炭素源あるいは単一窒素源を除去し、標的となる化合物を入れた培地をスクリーニング培地として使用すれば、その培地で増殖可能な微生物を標的化合物の分解菌としてスクリーニングすることができます。

　シアヌル酸分解菌のスクリーニングを例にとります[54]。シアヌル酸はトリアジン系農薬の分解過程の中間体であり、シアヌル酸分解菌はトリアジン系農薬の分解に重要な役割を果たします。図5-2.Aに示すバクテリアの最少培地であるDM培地（Davis-Migioli培地）から硫酸アンモニウムを取り除き、そのかわりにシアヌル酸を入れた培地をスクリーニング培地として使用します。硫酸アンモニウムはDM培地の単一窒素源なのでシアヌル酸を分解しない菌は、培地から窒素の供給を受けることができず、増殖できません。一方、シアヌル酸を分解できれば図5-2.Bのようにアンモニアを生じるので、これを窒素源として利用することができます。つまり、このスクリーニング培地で増殖する微生物はシアヌル酸分解菌ということになります。ここでは最少培地を用いる方法を取り上げましたが、スクリーニング培地を工夫すればさまざま微生物を取得することができます。

　微生物の学名を決めることを「同定」といいます。見つけ出した微生物が病原菌である場合、そのことを知らずに取り扱うと大変なことになります。そのため、微生物を見つけ出したら、最初に同定を行う必要があります。微生物の

（A）DM培地

(NH₄)₂SO₄	0.1 %	単一窒素源
C₆H₁₂O₆ (glucose)	0.2 %	単一炭素源
K₂HPO₄	0.7 %	リン源
KH₂PO₄	0.3 %	
MgSO₄・7H₂O	0.01 %	
Vitamin mixture	微量	

（B）シアヌル酸の分解経路

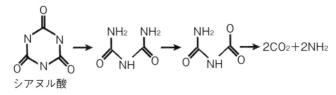

シアヌル酸

図5-2　DM培地とシアヌル酸の微生物分解

同定には、微生物の特性に基づいて属と種を決める方法が、長い間用いられてきました。例えば、細菌の属を決めるにはグラム染色、細胞の形、鞭毛、酸素要求性、胞子の有無、発酵性を含めた多くの項目に対する性質を調べます。グラム染色はデンマークの医師グラムが考案した方法で、細胞壁のペプチドグリカンを染色します。グラム陽性菌は細胞壁が厚いので濃紫に染まり、グラム陰性菌は細胞壁が薄いのでうすい赤色に染まります。また真菌類を同定する場合は、コロニーや胞子の色や形、菌糸の形状などに基づいて決定します。

　これに対して、現在は微生物を同定するのにリボソームの小ユニットのDNA（16S rRNA あるいは 18S rRNA）の塩基配列を利用します。小ユニットの全塩基配列を決め、基準となる微生物との相同性検索（BLAST）や分子系統解析により、学名を決めます。最近では、MALDI-TOF MS を用いて、微生物の同定を行う方法も考案されています[55]。地球上には培養できない微生物が多く存在しますが、そのような微生物の同定には rRNA の解析や MALDI-TOF MS が必要です。

（3）　微生物の変異

　塩基配列を変化させて標的遺伝子を働かなくしたり、発現量を変化させたりする操作を変異と言い、変異前の微生物を「野生株」、変異を誘発した微生物を「変異株」と言います。変異は、その起こり方により表5-1.A のように分類できます。少なくとも1つの塩基が変化することで、そのコドンに対応するアミノ酸が別のアミノ酸に変化する場合を「ミスセンス変異」と呼び、そのコドンに対応するアミノ酸が終止コドンに変化する場合を「ナンセンス変異」と呼びます。また、コドンに対応する3つの塩基に別の塩基が挿入したり、1つ欠失したりすることにより、それをコードするコドンの読み枠が1つずつずれる変異を「フレームシフト変異」と呼びます。さらに変異部位にもう一度変異が起こって元の塩基配列にもどる場合があり、そのような変異を「復帰変異」と呼びます。化合物の発がん性試験であるエームス試験では、サルモネラ菌のヒスチジン要求性株の復帰変異を利用しており、発がん性が高いものほど復帰変異が起こる頻度が高くなります。

　これらの変異を起こさせるものを「突然変異原」といいますが、その変異の起こり方はさまざまです。例えば、X線はDNAを切断し、その修復が起こる際に誤って結合することで変異を生じます。また、紫外線はDNA上の隣り合ったチミンが2量体を形成して変異を誘発します。エチジウムブロマイドは、DNAの2本鎖の間に結合してフレームシフト変異を起こし、5'-ブロモウラシルは複製の際にDNAに取り込まれ、ケト型はアデニンと結合し、エノール型はグアニンと結合するので、ミスセンス変異を誘発します。微生物の突然変異原には、実績のあるニトロソグアニジン（NTG）やエチルメタンスルフォン酸（EMS）が使われることが多いようです。

　NTGやEMSを用いて変異株を取得する場合、これらの化合物は遺伝子変異をランダムに誘発するので、さまざまな遺伝子に変異を施した集合体（変異株のライブラリー）が得られます。そのため、変異株のライブラリーから目的の遺伝子のみが変異したものを見つけ出す必要があります。例えば、アミノ酸、核酸、脂質などの合成酵素の1つが破壊されて、アミノ酸、核酸、脂質などを作れなくなった変異株（栄養要求性変異株）を見つけ出すには「レプリ

カ法」を用います。レプリカ法は、最少培地のプレートと最少培地に作れなくなった栄養素を添加したプレートに、変異株のライブラリーをスタンプする方法です。得られた変異株は、どの遺伝子が働いていないかを詳しく調べ、遺伝子型で表します。表5-1.B に *S. cerevisiae* SHY2 株の遺伝子型を例として示します。変異が起こっている遺伝子を小文字で表記します。

　変異の目的は微生物の性質を調べたり、生産性を向上したりすることにあります。新規な化合物を合成する微生物の場合、近縁の微生物のデーターベースの情報を使えません。その場合、突然変異原を用いてランダムに変異を加え、新規化合物の合成経路を地道に解明する必要があります。目的の化合物の生産性を高めるためにも変異が利用されます。目的の化合物に分解経路やバイパス経路が存在する場合、その経路を変異により遮断することは生産性の向上につながります。また、微生物にはフィードバック制御をつかさどる遺伝子があり、その遺伝子が生産性を抑制していることも多いので、変異によりそのフィードバック制御を壊すことで生産性が高まります。この他にも、細胞壁の遺伝子に変異をかけて、細胞壁を変化させれば培地への分泌量が増え、生産量が飛躍的に上がる場合もあります。実際、グルタミン酸などのアミノ酸の工業

表5-1　変異の種類と遺伝子型の表記法

（A）変異の分類とその例

変異前	5´-AUG CCU AGA UGU GGG CAA-3´ Met　Pro　Arg　Cys　Gly　Gln
ミスセンス変異	5´-AUG CCU GGA UGU GGG CAA-3´ Met　Pro　Gly　Cys　Gly　Gln
ナンセンス変異	5´-AUG CCU AGA UGA GGG CAA-3´ Met　Pro　Arg　停止
フレームシフト変異	5´-AUG CCU AGU GAG GGC AA-3´ Met　Pro　Ser　Glu　Gly

（B）遺伝子型（Genotype）

　　S. cereviasiae SHY2（α ste-VC9 ura3-52 leu2-3, 112, his3 can1-100）

　　　　　　　　　　　　　　　　　　　　　変異している遺伝子

的な生産では、生産菌に10回近い変異処理を繰り返すことで、生産性を高めています。

　この他にも、変異処理により宿主となる細胞にマーカー変異を入れたい場合があります。酵母やカビの場合、アミノ酸合成に関する遺伝子変異（trp1、his3、leu2など）をマーカー遺伝子に使うことがよくあり、アミノ酸や核酸要求性変異株の取得に変異が長い間用いられてきました（現在では遺伝子編集を用いる場合もあます）。

（4）　微生物の固定化とバイオリアクター

　目的の生産物の生産効率を高める方法として、「バイオリアクター」があります。バイオリアクターは、図5-3のように酵素や乾燥菌体（あるいは生菌体）を担体に結合して反応を行う生物反応器です。

　担体に結合することを「固定化」といいます[56]。酵素の固定化には、担体結合法、架橋法、包括法が用いられます。担体結合法では、芳香族アミノ基を導入したガラスなどにジアゾカップリング反応により酵素を結合する方法や、イオン交換基を有する担体に酵素をイオン結合する方法、あるいは酵素を活性炭やヒドロキシアパタイトなどに物理的に吸着させる方法などがあります。また、架橋法ではグルタルアルデヒドなどにより、酵素間に架橋を作ります。酵

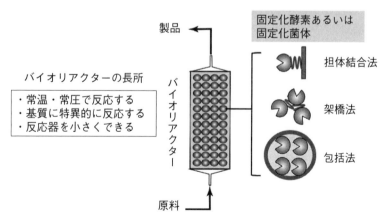

図5-3　バイオリアクターの利点と固定化方法

素を包括法で固定化する場合は、アクリルアミドが主に用いられます。

　酵素だけでなく菌体を固定化する場合があり、これを固定化菌体と呼びます。一般に固定化菌体では包括法が用いられ、例えば、アルギン酸ゲルやκ-カラギーナンなどの高分子に包み込む方法が、容易で安価なのでよく使われます。さらに、微生物の凝集性を利用する固定化法もあります。納豆菌のような粘性物質を出す微生物や凝集性酵母、あるいはカビ類のような微生物は、多孔性のスポンジ状の担体（BSPs）に自らの凝集性を利用して固定化することができるので、固定化の手間がかかりません。

　バイオリアクターにはいくつかの優れた点があります。例えば、物質生産において、固定化しない場合には酵素や生体触媒を使い捨てにしますが、固定化すると活性が失われるまで何度でも再利用でき、反応を低コストで行うことができます。さらに固定化した場合、酵素や菌体を反応器内に高密度にパッキングできるので、反応装置あたりの生産量が非常に高くなります。また、反応後の反応液と生体触媒との分離が容易という点もバイオリアクターの長所のひとつです。

第 **6** 章

細胞や生体物質の働きを解析する

1. 遺伝子の解析

（1）　DNA の長さの測定

　DNA を制限酵素で切断した場合や、PCR 法により DNA を増幅した場合、それが正しく実行されているかを確認する必要がありますが、その最も簡単な手段がアガロースゲル電気泳動です。図 6-1 に示すように、アガロースゲル電気泳動では、0.8％程度の濃度のアガロースゲルのコーム部分に DNA 溶液をいれて電場をかけ、アガロースゲル内で DNA を正の電場側に移動させます。ゲルの中は小さな穴があいた篩いのようになっており、短い DNA ほど速く移動するので、移動する間に DNA の長さの差により分かれます。長さのわかっている DNA 混合物（マーカー DNA）を同時に別のレーンで流すと、DNA が移動した距離（泳動距離）と DNA 長さとの関係がわかるので、それを検量線として利用すれば目的の DNA 断片の長さを正確に測定することできます。

　アガロースの濃度は測定したい DNA の長さにより変更する必要があります。例えば、100bp ～ 1000bp の長さの DNA を分離したいのであれば、2 ～ 4％程度の濃度のゲルを使い、10kb 以上では 0.8％以下のゲルを使います。現在では、それぞれの長さをうまく分離できるアガロースが市販されているので、それらを使うと DNA をより厳密に分離できます。また、非常に長い DNA を分離したい場合には、パルスフィールド電気泳動を用います。パルスフィールド電気泳動は、電場をかける方向を一定時間ごとに変化させること

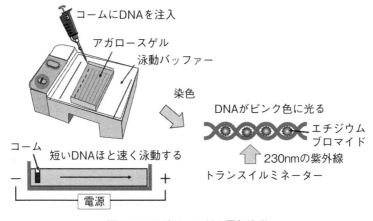

図6-1　アガロースゲル電気泳動

で、アガロースゲル中を長い DNA が流れるようにしたもので、染色体のように長い DNA でも分離することができます[57]。

　電気泳動した DNA は、エチジウムブロマイド溶液を用いて染色します（図6-1）。エチジウムブロマイドを2本鎖 DNA に結合させた後、トランスイルミネーターにより紫外線（230nm）を与えると、DNA に結合したエチジウムブロマイドが光り、DNA の存在する部分だけをピンク色に光らせることができます。エチジウムブロマイドは感度が高く、DNA の検出によく使われますが、発がん性があるため、それ以外の高感度の染色化合物（SYBR Green、Safe Dye、Fluoro Stein など）も開発されています。最近ではそれらを使って DNA を染色することが多いようです。

（2）　特定の遺伝子の増幅

　PCR 法（Polymerase chain reaction）は、キャリー・マリスにより考案された DNA の特定部分を増やす方法です。この方法の概要を図6-2に示します。鋳型となる DNA（鋳型 DNA）、増幅したい DNA 部分に結合する 20-30 塩基程度の1本鎖 DNA（プライマー）、DNA を合成するための材料である dNTP（dATP、dTTP、dCTP、dGTP）、1本鎖 DNA を2本鎖にする酵素

（TaqDNA ポリメラーゼ）を含む反応液を 95℃で 10 秒程度放置し、72℃程度で 10 秒～1 分間放置するサイクルを数十回繰り返します（反応時間は増幅する DNA の長さにより異なります）。

　反応液を 95℃にすると 2 本鎖 DNA が融解して 1 本鎖になり、それを 72℃にするとプライマーが鋳型 DNA に結合し、プライマーの 3′-末端側を TaqDNA ポリメラーゼが認識して鋳型 DNA と相補する DNA 鎖を合成します。この温度サイクルを繰り返せば、2 つのプライマーで挟まれた部分だけが増幅していきます。1 回のサイクルで DNA の量が 2 倍になるので、30 回のサイクルを行えば、2^{30} 倍（約 10 億倍）まで増幅することができます。つまり、1 本の DNA に対して PCR を実行したとしても、解析に十分な量の DNA を確保できるのです。

　PCR では、DNA を増幅する際に非特異な DNA（標的とは異なる DNA）断片や複製ミスを生じることがあります。非特異な DNA 断片をできるだけ少なくするためには、プライマーを正しく設計する必要があります。プライマー

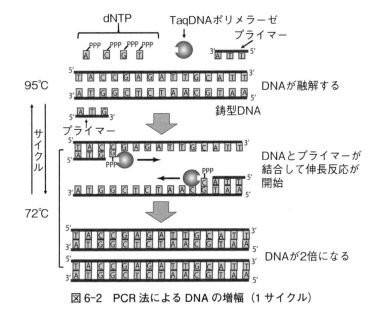

図 6-2　PCR 法による DNA の増幅（1 サイクル）

が50％結合する温度を「Tm 値」といいますが、プライマーの Tm 値を 70 ～
75℃以上に設定すると非特異な DNA を減らすことができます。また、PCR
に用いられる TaqDNA ポリメラーゼは改良が加えられ、①ホットスタート機
能（DNA 変性温度において活性化される機能）、②75℃以下では活性を示さ
ない機能、③プルーフリーディング機能（誤って取り込まれたヌクレオチドを
修正する機能）などの多くの機能が付加されています[58]。長い DNA 断片を
PCR により得る場合には、これらの DNA ポリメラーゼを使うのがよいでしょ
う。

（3）　遺伝子発現量の測定

　mRNA の発現量を定量的に測定することは、遺伝子の働きを調べる上で非
常に重要です。mRNA の発現量を調べる方法として「ノーザンブロッティン
グ法」が長い間用いられてきましたが、現在では、簡便で正確なリアルタイム
PCR を用いるのが一般的です。

　mRNA の発現量を定量的に測定するには、細胞から全 mRNA を抽出して
cDNA を合成した後、標的の mRNA に相当する cDNA をリアルタイム PCR
により増幅します。通常の PCR 法により DNA を増幅すると、dNTP やプラ
イマーが不足して DNA がそれ以上増えることができなくなる状態（プラトー
現象）になるため、増幅した DNA の量比は必ずしも最初の mRNA の量比に
対応しません。これに対して、リアルタイム PCR では 1 サイクルごとに増幅
した DNA 量がわかるので、閾値線（Threshold Line）でのサイクル数がわ
かります（図6-3）。この値は最初の mRNA の量比に正しく対応するので、正
確な測定が可能になります。なお、相対的な定量を行う場合には、細胞あたり
一定量発現しているハウスキーピング遺伝子（*β*-アクチン遺伝子や GAPDH
遺伝子）の発現量を基準とし、それに対するサイクル数の差（ΔCt 値）を出
し、さらにコントロールの細胞と目的の細胞とのサイクル数の差（（ΔΔCt 値）
を計算することにより、mRNA の量比を求めます。

　リアルタイム PCR には、「インターカレーター法」と「ハイブリダイゼー
ション法」の 2 つの方法があります[59]。その概要を図6-4 に示します。イン

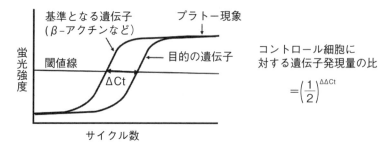

図6-3 リアルタイム PCR 法による mRNA の解析（ΔΔCt 法）

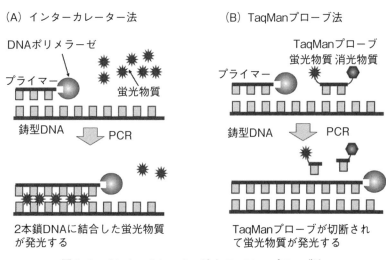

図6-4 インターカレーター法と TaqMan プローブ法

ターカレーター法（図6-4.A）では、PCRで増幅したDNA断片に蛍光物質を結合し、その蛍光強度により増幅した2本鎖DNAの量を測定します。例えば、サイバーグリーン（SYBR Green I）の入った溶液を用いてリアルタイムPCRを行うと、増幅したDNAにのみサイバーグリーンが結合します。光源からエネルギーを与えると、DNAに結合したサイバーグリーンが共鳴して強い蛍光を発するので、増幅したDNA量がわかります。一方、ハイブリダイゼーション法は、蛍光物質で標識したプライマーDNAを使う方法で、例え

ば TaqMan プローブ法があります。TaqMan プローブ法（図6-4.B）では、DNA プローブに蛍光物質（レポーター）と消光物質（クエンチャー）を結合させます。消光物質とは、蛍光物質のすぐそばに存在すると、蛍光物質が蛍光を発することができなくなる化合物のことです。鋳型 DNA とプライマーが結合して PCR の伸長反応が行われる際に、TaqMan プローブの蛍光物質と消光物質とが分断され、消光物質によって抑制されていた蛍光色素が蛍光を発します。その蛍光強度が増幅した DNA 量に比例します。

　インターカレーター法の欠点は、蛍光物質がすべての2本鎖 DNA に結合するので、PCR で非特異的に増幅された DNA（目的の遺伝子以外の DNA）も検出してしまい、それが測定誤差になる点です。この誤差をさけるためには、鋳型 DNA に対して特異性が高いプライマーを使うことが重要です。

（4）　塩基配列の解析

　DNA あるいは RNA の塩基配列を解析することを「シーケンシング」といい、シーケンシングを行う装置を「シーケンサー」といいます。最近まで、ジデオキシ法を基本原理とするキャピラリーカラムタイプの DNA シーケンサーが用いられてきました。この方法の概要を図6-5に示します。ジデオキシ NTP（ddNTP）に塩基ごとに異なる励起波長を有する蛍光色素を結合し、それを dNTP と一定の量比で混合して PCR 反応を行います。ddNTP は3′側に次のヌクレオシドを結合できないため、DNA の伸長反応は ddNTP が使われた時点で停止します。PCR 反応を続けると、結果的に1塩基分ずつ長さが異なり、3′-末端にはそれぞれの塩基に対応する蛍光物質で標識された DNA 断片を得ることができます。さらに、キャピラリーカラムを使って反応液を電気泳動し、泳動終了付近で蛍光物質ごとの蛍光強度を測定します。そうすることにより、塩基配列を読むことができます。このタイプの DNA シーケンサーは多数のキャピラリーカラムを搭載して同時に解析でき、高速で DNA の塩基配列を読むことが可能です。

　その後、その能力をはるかに凌駕する次世代の DNA シーケンサー（イルミナ社など）が次々と登場してきました。イルミナ社の DNA シーケンサーの

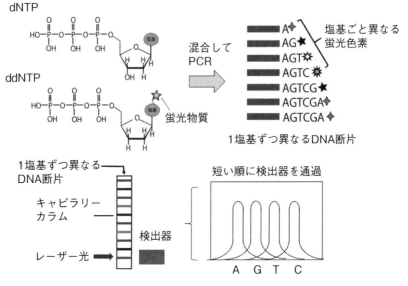

図6-5　キャピラリーカラムを用いるDNAシーケンサー

原理を図6-6に示します。断片化したDNAにリンカーを結合した後、1本鎖DNA断片をフローセルに結合します。フローセル上で2本鎖を合成して変性することでクラスターを形成します。この1本鎖DNAのクラスターにプライマーを結合し、蛍光物質（4種類）と保護物質が結合した基質を使って1塩基だけ合成し、得られた塩基パターンを解析します。その後、蛍光物質と3′-末端側の保護物質をはずし、次の塩基を合成して再びそのパターンを解析します。この操作を繰り返せば、1レーンあたり数百万のDNA断片の塩基配列を読むことができ、例えば、Illumina HiSeq2000（ペアエンド）は、1回の操作あたり約150～200Gbの塩基を読み取ることができます。細菌のゲノムが1－4Mb程度、酵母が12Mbなので、細菌や酵母であれば容易に全ゲノムを決定できます。

　そして、現在、もっとハイスペックな「ナノポアDNAシーケンサー」が開発されつつあります。1996年にナノポアDNAシーケンサーの原理が提案されて以降[60]、ONT社を中心に改良が加えられ図6-7のようなDNAシーケン

（A）DNAのフローセルへの結合

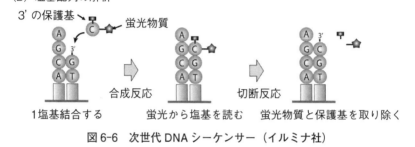

DNAを断片化　　　　　リンカーを結合　　　フローセルでクラスター形成

（B）塩基配列の解析

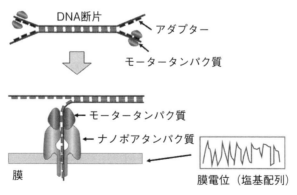

1塩基結合する　　　　蛍光から塩基を読む　蛍光物質と保護基を取り除く

図6-6　次世代DNAシーケンサー（イルミナ社）

図6-7　ナノポアDNAシーケンサー（MinION）

サー（MinION）などがすでに販売されています[61]。ナノポアDNAシーケンサーでは、ＤＮＡを断片化する際にアダプターとモータータンパク質を結合します。これをナノポアタンパク質に結合すると、DNAが膜内へ誘導されて、膜を順次通過します。膜に電圧をかけるとイオン電流が流れますが、膜貫通タ

ンパク質のポア部分を DNA が通ると4つの塩基それぞれに特徴的な電流値を示すため、どの塩基が通過したかを決定できます。モータータンパク質の送り込む速度に依存して塩基配列が決定されるので、高速で配列を読むことができる上に、高価で大規模な装置も必要ありません。今後開発がさらに進めば、超小型のナノポア DNA シーケンサーが10万円程度で入手できる時代がくるかもしれません。

（5）　全遺伝子の発現量の解析

　次世代 DNA シーケンサーの登場により細胞内の全 RNA のシーケンス（RNA-Seq）が可能になってきました。リアルタイム PCR による mRNA の解析では、遺伝子をいくつかに限定して、それらの発現量を調べますが、RNA-Seq では細胞から全 mRNA を抽出し、それを cDNA に変換してシーケンシングを行い、全 mRNA の発現量を計算します。そうすることで、コントロール群と対照群との全発現量の比較が可能になり、発現が誘導された（あるいは抑制された）遺伝子を網羅的に探し出すことができます。

　RNA-Seq 技術をさらに進めたのが、シングルセル RNA-Seq（Single cell RNA-Seq）技術です。この方法では、細胞集団を細胞1個ごとに分けて mRNA を精製し、cDNA を合成します。そして、RNA-Seq と同様に単一細胞ごとの全 mRNA の発現量を算出します。シングルセル RNA-Seq の最大の長所は、生体組織のシングルセル RNA-Seq を行えば組織内の分布が明らかになることや、時系列のサンプル（時間ごとの変化を追跡したサンプル）を用いれば、その変化の過程を3次元で詳しく調べることができる点です。一方、シングルセル RNA-Seq の欠点は、全細胞を1細胞ごとに分けるのに手間かかる上に、データが膨大になるため、そのデータ解析が非常に煩雑で難しい点です。

　シングルセル RNA-Seq において、シングルセルの mRNA を効率良く取得するために、さまざまな工夫がなされつつあり、シングルセル自動調製システムや、マイクロ流路によるシングルセル操作などが開発され、解析ソフトも充実しつつあります[62)]。今後は、RNA-Seq やシングルセル RNA-Seq が遺伝

子の発現解析の主流になるでしょう。

2. タンパク質や細胞の解析

（1）モノクロナール抗体とポリクロナール抗体

　図6-8.A に示す構造を有する抗体分子（免疫グロブリン）は、身体を守る免疫細胞のひとつであるB細胞が作るタンパク質で、抗原（標的となるタンパク質）と結合して補体を活性化したり、マクロファージやT細胞の目印になるなどさまざまな免疫反応を手助けします。抗体は抗原に対する選択性が非常に高いため、細胞に存在するタンパク質の標識には、抗体が最もよく利用されます。抗体が認識する部位を「エピトープ」といいます。抗体は１つのタンパク質に対して多数のエピトープを認識するポリクロナール抗体と単一のエピトープを認識するモノクロナール抗体に分けられます（図6-8.B）。モノクロナール抗体は抗原に対する特異性が高いという特徴があります。

　ポリクロナール抗体の作製方法を図6-9.A に示します。抗原にアジュバンド（免疫活性を高めるもの）を結合したものをウサギやヤギに定期的に注射し

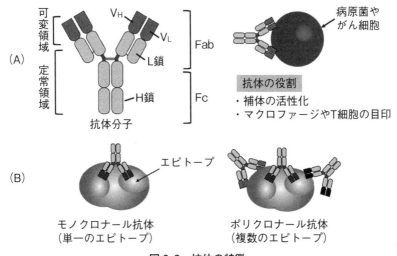

図6-8　抗体の特徴

（A）ポリクロナール抗体の作製方法

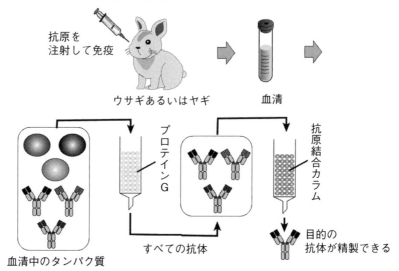

（B）モノクロナール抗体の作製方法

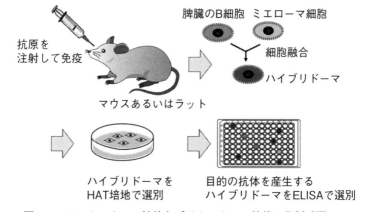

図6-9 モノクロナール抗体とポリクロナール抗体の作製手順

て免疫応答を誘導します。誘導後、血清中に増加した抗原に対するIgM抗体やIgG抗体をプロテインG（あるいはプロテインA）で精製し、さらに抗原を結合したカラムを用いて目的の抗体を精製します。こうして得られた抗体は、ポリクロナール抗体であり、抗原のさまざまなエピトープを認識します。

　これに対して、モノクロナール抗体は図6-9.Bに示す方法により作製します。マウス（あるいはラット）に抗原とアジュバンドを結合したものを定期的に注射して免疫応答を誘導した後、脾臓（またはリンパ節）を取り出してB細胞を単離します。B細胞は単一の抗原に対して抗体を作る細胞で、免疫後は抗原に対する抗体を作るB細胞が増加した状態になっています。取り出したB細胞はミエローマ細胞（がん細胞の一種）と細胞融合し、HAT培地（融合細胞だけが増えることができる培地）を使ってハイブリドーマ（融合細胞）を選びだします。B細胞はT細胞からの刺激がなければ増殖できませんが、ハイブリドーマはT細胞の刺激がなくても増殖し続けることができます。さらに、得られたハイブリドーマの集団から抗原に対して特異性の高い抗体を作るハイブリドーマを探しだします。ハイブリドーマが作る抗体はモノクロナール抗体です。

　また、ウサギやヤギ由来のモノクロナール抗体も作られています。ペプチドをアジュバンドと一緒にウサギやヤギに免疫し、得られた抗体をペプチドを結合したカラムで精製したもので、「ペプチド抗体」[63]と呼ばれています。この他にも、ウサギやヤギのポリクロナール抗体を短い抗原ペプチド（エピトープ部分）を結合した担体を有するカラムを用いて精製することにより、モノクロナール抗体を得ることができます。最近では多種多様な抗体が市販されており、さまざまな抗原に対する抗体を入手できます。ただし、特殊な生物種に対する抗体はほとんど市販されていないので、その場合は自分で抗体を作る必要があります。

（2）　タンパク質の分離と検出

　タンパク質の電気泳動による分離には、ポリアクリルアミドゲルを用います。タンパク質は、高次構造を有している上に表面電荷もさまざまなので、

そのまま電気泳動しても正しく泳動を行うことができません。そこで、タンパク質の場合には、図6-10に示すSDS-PAGE（SDS polyacrylamide gel electrophoresis）を利用します。この方法では、メルカプトエタノールでタンパク質のジスルフィド結合を還元し、界面活性剤のSDS（Sodium dodecyl sulfate）でタンパク質を変性します（図6-10.A）。この前処理により、タンパク質の立体的な構造を線状の構造に変え、一定の割合でSDSが結合して負電荷を持たせることができます。SDS-PAGEを実行すると分子量の小さいタンパク質ほど速く流れ、その泳動距離は分子量の常用対数と比例関係があるので、分子量マーカー（分子量のわかっているタンパク質の混合物）を別のレーンで流せば、そこから得られる検量線に基づいてタンパク質の分子量を測定できます。マーカータンパク質は、市販の色分けしたマーカーを使うと便利です。また、分離したい分子量によりゲルの濃度を変える必要があります。うまく分離できるように濃度勾配をつけたゲルも販売されています。電気泳動後のタンパク質の染色は、クーマシーブリリアントブルー（CCB）染色や銀染色

（A）タンパク質の前処理

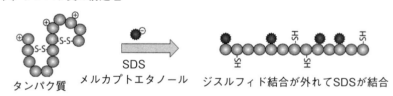

（B）SDS-PAGE

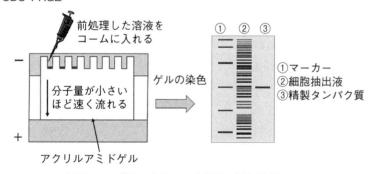

図6-10　ポリアクリルアミドゲル電気泳動

により行います。

　一方、タンパク質の4次構造を保持したままポリアクリルアミドゲル電気泳動を行うには、Native-PAGE を用います。4次構造を持つタンパク質が精製できたかどうかを確認したい場合、SDS-PAGE を行うとサブユニットに分かれて、その数だけタンパク質のバンドを生じてしまい、精製できたかどうかの確認ができません。これに対して、Native-PAGE では4次構造を保持したまま泳動が行われるので、Native-PAGE でバンドが1本であれば精製できたことになります。ただし、Native-PAGE の場合は SDS を用いて負の電荷にしていないのでうまく流れない場合があり、その場合は別の方法を使う必要があります。

　一方、特定のタンパク質の発現を調べたい場合や、組換えタンパク質が正しく発現しているかを確認したい場合には、ウエスタンブロッティング法を利用します。ウエスタンブロッティングの手順を図6-11に示します。SDS-PAGE を行った後、膜（PVDF 膜など）にタンパク質を転写します。標的となるタンパク質に対する標識抗体を結合して発光（または発色）により検出し

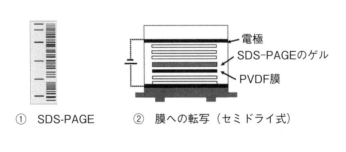

① SDS-PAGE　　② 膜への転写（セミドライ式）

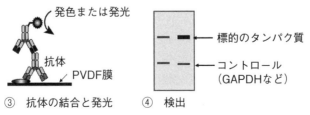

③ 抗体の結合と発光　④ 検出

図6-11　ウエスタンブロッティングの手順

ます。発現量の定量測定には、GADPHやβ-アクチンを基準として使用します。

（3）　免疫染色とフローサイトメトリー

　標的となるタンパク質がそれぞれの細胞でどのように発現しているかを調べる場合には、免疫染色とフローサイトメトリーが使われます。どちらも蛍光物質で標識した抗体を、細胞に存在するタンパク質に結合して調べます。付着性動物細胞の免疫染色の手順を例として説明します（図6-12.A）。付着性動物細胞を固定化した後、Triton X-100等で透過処理します（細胞表面のタンパク質の場合は、透過処理は必要ありません）。次に、蛍光物質で標識した抗体（1次抗体）を標的となるタンパク質に結合させ、蛍光顕微鏡で観察します（蛍光物質で標識した2次抗体を用いる場合もあります）。

　蛍光顕微鏡で観察する場合、2つ以上の蛍光物質を使うことが可能ですが、その場合には、励起光が蛍光フィルターから漏れてこない2つの蛍光物質を選択する必要があります。得られた画像は、ImageJなどの画像解析ソフトで処理すれば、コントロール群と対照群との蛍光強度の比を算出できます。最近では、細胞の蛍光観察は、図6-12.Bのような共焦点レーザー顕微鏡が用いられるようになってきました。共焦点レーザー顕微鏡は、半導体レーザーを点光源として、試料の狭い範囲に焦点を合わせて像を検出し、焦点以外の反射光は取り除きます。これにより、局所的な部分での鮮明な画像が得られ[64]、その画像を、3次元画像に再構築することができます。

　一方、図6-12.Cに示すフローサイトメトリーは、細胞を1個だけ含む状態のシース液をノズルに送り、それにレーザー光をあてて細胞数、細胞の大きさ、蛍光強度を測定します。さらに、FACS装置では得られた細胞を篩分けして必要な細胞だけを集めることもできます。動物細胞は、細胞の大きさや分裂周期の異なる集団になっているため、タンパク質の発現量をコントロール群と対照群で正しく比較するには蛍光顕微鏡の結果だけでは不十分で、フローサイトメトリーを使って1万個程度の細胞に対して調べ、その分布を比較する必要があります。

(A) 蛍光免疫染色

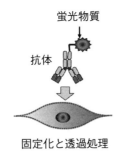

(B) 共焦点レーザー顕微鏡

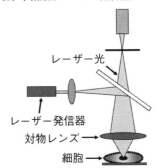

(C) フローサイトメトリー

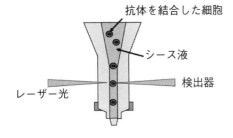

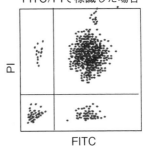

図6-12　免疫染色とフローサイトメトリーの概要

（4）　生細胞のタンパク質挙動

　生細胞の中でタンパク質がどのように働いているかを調べることは、タンパク質の機能を解明する上で非常に重要であり、それにはオワンクラゲの発光を司るたんぱく質の「緑色蛍光タンパク質（GFP））」を使うのが便利です[65]。GFP によるタンパク質の標識は、遺伝子組換え操作を用いて GFP タンパク質と標的タンパク質とを融合したタンパク質を細胞内に発現させます（図6-13）。蛍光顕微鏡でその細胞を観察すれば、標的タンパク質が、細胞のどの部分で働いているかを、リアルタイムで観察できるようになります。

　さらに、GFP には色（励起波長と蛍光波長）を変えることができるという大きな利点があります。現在では、青色（BFP）、シアン（CFP）、黄色（YFP）

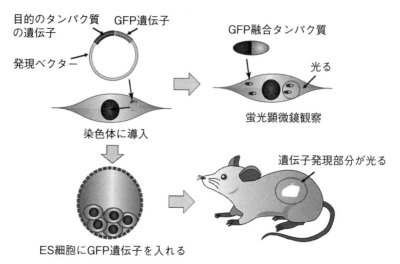

図6-13　GFP でラベルしたタンパク質の細胞や個体での挙動

などさまざまな色のものが作られており、2つ以上のタンパク質を同時に標識して観察することができます。この他にも、最近では温度感受性のものや、蛍光強度が強くなったもの（EGFP）なども作られ、さまざまな組織や生物種での検出に利用されています[66]。また、CFP と YFP をそれぞれ融合した2つのタンパク質が結合すると「蛍光共鳴エネルギー移動（FERT）」という現象が起こります。この現象を利用すれば、タンパク質間の相互作用をリアルタイムで調べることもできます。さらに、培養細胞だけでなく、ES 細胞を用いれば、マウスや魚などの個体に対しても GFP でラベルすることができます。

（5）　ELISA によるタンパク質の定量

　サンプル中の標的タンパク質を定量的に測定する方法として ELISA があります。ELISA には、図6-14 のようにダイレクト法、サンドイッチ法、競合法があり、最もよく用いられるのがサンドイッチ法です[67]。

　サンドイッチ法では、96 ウェルの ELISA プレートにマウスやラットの抗体（主にモノクロナール抗体）を1次抗体として結合させます。その後、タンパク質がプレートに非特異に結合しないようにアルブミンなどのタンパク質を

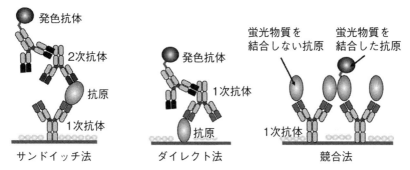

図6-14 ELISAによるタンパク質の定量測定

プレートに結合させる「ブロッキング」と呼ばれる操作を行います。次に、抗原タンパク質溶液を入れて抗原を抗体に結合させます。その後、標識した抗原に対する抗体（2次抗体）を結合します。標識には酵素（AP、HRP、β-Gal）を使用し、発色剤で発色した反応液を96ウェルのプレートリーダー（あるいは蛍光プレートリーダー）により測定します。1次抗体と2次抗体の両方にモノクローナル抗体を用いる場合は、エピトープの異なるものを用いる必要があります。また、2次抗体に標識しない抗原に対するウサギやヤギのポリクローナル抗体を結合し、さらにそのポリクローナル抗体に対する標識した発色用抗体（3次抗体）を結合する場合もあります。この方法の利点は、検出感度が格段に上がる点です。

　サンドイッチ法以外に、ダイレクト法があります。この方法では、96ウェルのELISAプレートに抗原タンパク質を含む溶液を入れ、タンパク質をプレートに結合します。ブロッキングを行った後、抗原に対する標識したモノクローナル抗体（あるいは標識しないモノクローナル抗体を結合し、その上に標識抗体）を結合します。モノクローナル抗体の選択性が高ければこの方法でも十分に定量測定が可能です。この他にも、競合法があります。競合法では、ELISAプレートに抗原に対するモノクローナル抗体を結合させます。色素や蛍光物質などで標識した抗原と未知の濃度の抗原（標識しない）を混合した溶液を入れ、標識した抗原と標識しない抗原を競合的に抗体に結合させます。結合しなかった抗原を洗い流し、96ウェルのプレートリーダー（あるいは蛍光

プレートリーダー）により測定します。抗原濃度が0の場合には標識した抗原がすべて結合し、抗原濃度が増加するとその割合だけ標識した抗原量が減少します。競合法には、抗原が非常に短いペプチドや有機化合物の場合にも使えるという利点があります。

（6） タンパク質の同定

　代表的なタンパク質のN-末端解析法としてエドマン分解法があり、その原理を利用したのがプロテインシーケンサーです。プロテインシーケンサーは、タンパク質のN末端のアミノ酸をエドマン分解によって切断し、それを高速液体クロマトグラフィーで分析するという作業を、順次自動で繰り返します。得られたデータを解析することによって、N-末端側のアミノ酸配列を決定することができます。プロテインシーケンサーの長所は、ロイシンとイソロイシンのように同じ質量のアミノ酸を識別できることや、データーベースに登録されていないタンパク質のアミノ酸配列を決定できる点です。

　最近はタンパク質のデーターベースが充実してきたことから、同定にMALDI-TOF/TOFやLC-MS/MSが使われるようになってきました。MALDI-TOFは、特定の酵素処理によって切断したペプチド断片の質量を測定し、その情報を基にしてデーターベース検索を行ない、タンパク質を同定する方法です。この方法を用いればタンパク質の情報が豊富な生物種のタンパク質の同定を迅速に行うことができます。また、MALDI-TOF/TOFは、MALDI-TOF解析に対してもう一度 MS/MS解析を行います。これにより、アミノ酸単位まで切られた 質量を測定して詳しく解析します。また、LC-MS/MSの場合、タンパク質をプロテアーゼ処理してペプチド断片を作ります。それを逆相HPLCで分離・濃縮して質量分析計でそれぞれの断片を検出します。得られたフラグメントイオンのスペクトルと質量を、データベースに照らし合わせることによりタンパク質を同定します。

第 7 章
遺伝子をデザインする

1. 遺伝子を組換える技術

（1） 遺伝子組換えとバイオテクノロジー

　コーエンとボイヤーは大腸菌を使って、1973 年に遺伝子組換え実験を世界で初めて成功しました。人工的に遺伝子を編集して新しい生物を生み出すこの技術は画期的で、世界中に衝撃を与えると同時に、当初はヒトのホルモンの生産に注目が集まりました。ヒト由来のインスリン、成長ホルモン、インターフェロンなどが次々と遺伝子組換えにより製品化され、今では治療には欠かせないものになっています [68, 69]。

　その後、キャリー・マリスは PCR 技術を生み出しました。PCR は微量にしかない DNA の目的の部分だけを増幅できる画期的な技術であり、遺伝子組換え技術の進展とあいまって幅広い分野に応用され、遺伝子をデザインする技術をゆるぎないものへと発展させました。近年では、 特定の遺伝子発現を抑制する RNAi や特定の DNA を切断できる CRISPR/Cas9 などの遺伝子を編集する技術も登場し、バイオテクノロジーの世界は、次世代に向けて飛躍的な進歩を続けています。

　次世代のバイオテクノロジーは、遺伝子組換えや遺伝子編集を技術の柱とし、目的にあったタンパク質をデザインすることに主眼が置かれています。これからバイオテクノロジーに携わる人は、遺伝子組換えや遺伝子編集を自由自在に使えなければなりません。第 7 章では、次世代のバイオテクノロジーの中

で最も重要な遺伝子組換えと遺伝子編集について詳しく解説します。

（2）　遺伝子組換え操作のアウトラインと標的遺伝子

　まず遺伝子組換えから説明します。遺伝子組換え操作の流れを図7-1に示します。ある生物種から組み込みたい遺伝子（本書では「標的遺伝子」と呼ぶことにします）を取り出して加工し、ベクタープラスミド（人工的に設計して作った環状のDNA）に結合して発現ベクターを作ります。得られた発現ベクターは、宿主細胞（遺伝子を発現したい細胞）に形質転換（入れる操作のこと）を行います。それにより、宿主細胞は自身の転写・複製装置を使って、標的遺伝子がコードするタンパク質を作ります。以下、この流れに沿って、ひとつずつ詳しく説明していきます。

　遺伝子組換え操作では、最初に「クローニング」、即ち、標的遺伝子を染色体から単離する操作を行います。長い間、クローニングには、遺伝子ライブラリーを用いる方法が利用されてきました。遺伝子ライブラリーとは、目的の細胞から全mRNAを取り出し、それを2本鎖DNA（dsDNA）に変換した後、

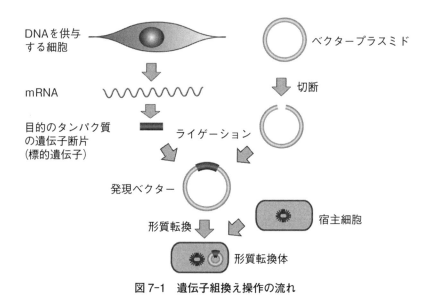

図7-1　遺伝子組換え操作の流れ

のりしろ（リンカー）をつけてベクタープラスミドに結合したもの、あるいは、染色体を制限酵素で切断して、そのすべての DNA 断片をベクタープラスミドに結合したものです。標的遺伝子を遺伝子ライブラリーから探すのは容易ではなく、大変な労力と時間を必要とする作業でした。

　これに対して、現在ではゲノム情報を利用したクローニング法が主に用いられています（図 7-2 の左側）。ヒト、マウス、ショウジョウバエ、微生物など非常に多くの種で染色体の全塩基配列が決定されています。遺伝子の検索サイト（GenBank、DDBJ、NCBI など）に入れば、標的遺伝子の全塩基配列、mRNA の全塩基配列、その遺伝子が発現している組織、多型、相同性検索など非常に多くの情報を得ることができ、それらをクローニングに利用することができます。

　ただし、未知の病気を決める場合や未知の微生物の場合、どれが標的遺伝子なのかわからない場合も少なくありません。その場合には、遺伝子編集などを利用して標的遺伝子を前もって見つけ出す必要があります。また、土壌などから見つけ出してきた新規の微生物の場合はゲノム情報がありません。その場合には、新規微生物の全ゲノムを次世代シーケンサーで決定し、すでにゲノムが決定されている近縁の微生物との相同性を解析することで、標的遺伝子を決定する必要があります。

（3）　標的遺伝子の取得

　標的遺伝子の塩基配列が決まったら、その DNA 断片を取得します。DNA 断片の取得方法は、標的の遺伝子を含む生物種（DNA 供与体）と宿主細胞との組合せにより異なり、高等な真核生物の遺伝子を微生物で発現させる場合には特に注意が必要です。ここでは、ヒトの遺伝子を微生物に組み込んで発現させる場合を例にとります。

　真核細胞の遺伝子はエクソンとイントロンで構成されていますが、酵母や大腸菌などの多くの微生物にはスプライシング機能が備わっておらず、真菌類も未熟なスプライシング機能しか持っていません。そのため、宿主細胞が微生物の場合、高等な真核生物の染色体の遺伝子配列をそのまま使うとイン

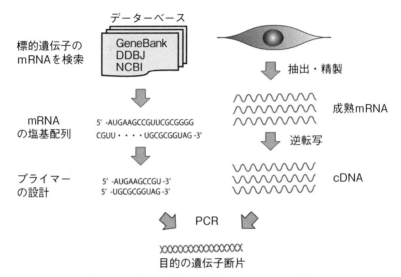

図7-2　ゲノム情報を利用したクローニング法

トロン部分が切断されずに残ってしまいます。そこで、ポリ A シグナルを目印として細胞から成熟 mRNA を取り出し、逆転写酵素を用いて 1 本鎖 DNA（cDNA）を作ります。そして、標的遺伝子をコードした cDNA の必要な部分だけを、PCR 法により増幅して DNA 断片を取り出します（図7-2 の右側）。

　その他にも表7-1 に示すような注意すべき点があります。高等な真核生物では目的の遺伝子の mRNA が組織特異的に発現しています。そのため、標的遺伝子が発現している組織の細胞から mRNA を取得するか、薬剤等によりその遺伝子を誘導してから mRNA を取得する必要があります。動物細胞は多くの機関（ATCC、JCRB、RIKEN BRC など）から適した細胞を分譲してもらうことができますが、適切な細胞がなければ、iPS 細胞をその組織の細胞に分化することで組織特異的な mRNA を取得することも可能です。

　さらに、宿主に微生物を用いる場合には、翻訳後のタンパク質の高次構造や糖鎖にも注意を払う必要があります。真核生物の細胞は小胞体、ゴルジ体などを使って 3 次構造を作りますが、原核微生物はオルガネラが発達していないために 3 次構造を正しく作れず、原核微生物では、しばしばタンパク質

表7-1　高等な真核細胞の遺伝子を微生物に組み込む際の注意点

	問題点	対　策
mRNA	酵母や細菌ではスプライシングが行われない	成熟mRNAを使う
	mRNAが組織特異的に発現している場合がある	mRNAが発現している組織の細胞を使う
タンパク質	大腸菌の場合、タンパク質の凝集体を生じる	酵母を宿主に用いる 細胞外に分泌する
	糖タンパクの糖鎖がつかない、あるいは異なる糖鎖が付加する	マウスやヒトの体細胞を宿主細胞として用いる

の凝集体（インクルージョンボディー）になってしまいます。また、糖タンパク質の遺伝子を原核微生物で発現させると糖鎖が結合せず、パン酵母（*S. cerevisiae*）で発現させるとパン酵母の独特の高マンナンからなる糖鎖がついてしまいます。パン酵母の糖鎖はヒトの体内で異物として認識されるため、医薬として利用できません。

　ヒトの糖タンパク質は糖鎖部分が安定化や発現に重要な役割をしているため、遺伝子組換えによりヒトの糖タンパク質を医薬として生産する場合には、ヒトの糖鎖と同じ構造のものを付加することが不可欠です。マウスやラットの体細胞にはヒトに近いスプライシング機構が備わっているので、ヒトと同様のスプライシングが多くの場合行われ、糖鎖、3次構造、4次構造も多くの場合正しく作られます。糖鎖が重要なタンパク質に対して遺伝子組換えを行う場合には、マウスやヒトの線維芽細胞などの培養細胞を用いて生産するのがよいでしょう。

（4）　PCRを用いた標的遺伝子の加工
　cDNAが得られたら、ベクタープラスミド上のプロモーター領域とターミネーター領域の間に、標的遺伝子を正しく挿入します。開始コドン（ATG）の上流の配列は遺伝子発現に重要であり、開始コドンから10〜20塩基程度の上流域を正しい配列にすることが大切です。

　正しい配列で挿入するには、DNA 断片の両端を加工する必要があり、その加工には PCR の特性をうまく利用します。例として、*Pichia pastoris* の分泌ベクター pPIC9K の *Eco*RI/*Not*I サイトに標的遺伝子を挿入する場合を図 7-3 に示しました。プライマーの 5'- 末端側に鋳型 DNA とは異なる塩基配列を付加して PCR を実行すれば、付加した塩基配列部分も含めて DNA の増幅が行われます。つまり、ベクタープラスミドにうまく挿入できる配列を 5'- 末端側に含むプライマー DNA を使えば、PCR で増幅した DNA 断片をベクタープラスミドにぴったり挿入することができます。

（5）　標的遺伝子とプラスミドの結合と形質転換

　標的遺伝子の加工ができたら、標的遺伝子とベクタープラスミドを共通の制限酵素で切断してから結合します。制限酵素とは、特定の塩基配列を認識して切断する酵素で、認識する配列は一般にパリンドローム配列（逆から読んでも同じ配列）を認識し、その認識する塩基配列の長さにより、4 塩基認識、6 塩基認識、8 塩基認識に分けられます。また、制限酵素の名前は、その酵素を持っていた微生物の頭文字になっており、例えば、*Eco*R1 であれば、大腸菌（*Escherichia coli*）由来です。図 7-3 のように、標的遺伝子の DNA 断片の 5'側と 3'側を異なる制限酵素で切断してベクターに挿入する場合は、それぞれの制限酵素で切断した後、不要な DNA 断片をアガロースゲル電気泳動などで取り除く必要があります。また、ベクタープラスミドは使用目的に合致したものを選定する必要がありますが、研究機関や市販でさまざまなベクタープラスミドを入手できます。

　標的遺伝子の DNA 断片をベクタープラスミドに結合する操作を「ライゲーション」と呼びます。結合には T4DNA リガーゼが用いられ、ATP のエネルギーを使って糖とリン酸部分を結合します。ベクタープラスミドと標的遺伝子の断片を混合する際に、そのモル比を 1：3 〜 1：5 程度にして混合すると正しく結合する割合が増えます。また、ベクタープラスミドと標的遺伝子断片は、それぞれが自分自身で繋がった状態（アニーリングした状態）になっているので、温度を 60℃ 程度にあげてアニーリングを 1 度はずしてから、温度を下げ

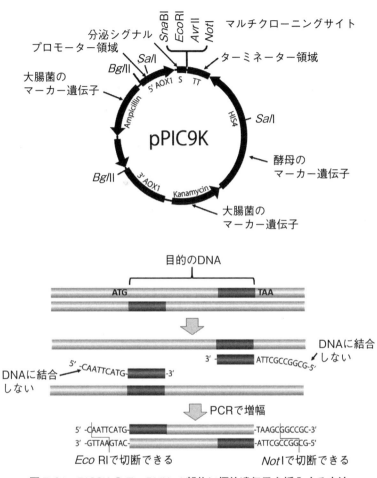

図7-3 pPIC9K の EcoRI/NotI 部位に標的遺伝子を挿入する方法

て再結合を行う必要があります。

　ライゲーションしたプラスミドは大腸菌に導入します。ほとんどのベクタープラスミドは最終の宿主細胞以外に大腸菌も宿主細胞として使えるように設計されています（このようなベクタープラスミドをシャトルベクターといいます）。大腸菌の複製領域 ori が存在すると、大腸菌中で、1細胞あたり数百個までプラスミドが増えるので、少量の培地で培養しても多量のプラスミドが得

られ、精製も容易なので、発現ベクターが完成するまでの遺伝子組換え操作は大腸菌を使って行います。

　ベクタープラスミドを宿主細胞に入れる操作を「形質転換」と呼びます。大腸菌への形質転換は、図7-4 に示す塩化カルシウム法が用いられます。細胞を塩化カルシウム溶液につけると細胞膜にカルシウムイオンが結合し、細胞表面の電荷が正電荷を帯びると同時に、カルシウムイオンにより細胞膜に隙間が生じた「コンピテントセル」ができます。このコンピテントセルの懸濁液に、プラスミド DNA を入れると細胞にプラスミド DNA が結合します。そして、42℃で1分間程度ヒートショック処理をすると、細胞が膨張してプラスミドDNA が細胞内に吸い込まれます。その後、SOC 培地で1時間ほど培養すれば、細胞壁が修復されると同時に、プラスミドが増えて大腸菌がアンピシリン耐性を有するようになり、アンピシリンを$50\mu g$/mL 含有した寒天培地に細胞を塗布して培養すると形質転換体だけがコロニーを作るので、形質転換体を得ることができます。大腸菌 DH5α 株や不安定な遺伝子にも対応できる Stbl 株（Stbl1 〜 3）などのコンピテントセルが市販されており、それらを使うと形質転換の時間を短縮できます。

　このようにして、大腸菌を中間の宿主として使いながら発現ベクターを作製後、最終目的の宿主細胞に形質転換して目的のタンパク質を発現させます。

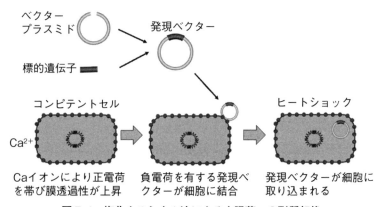

図 7-4　塩化カルシウム法による大腸菌への形質転換

宿主細胞への形質転換は、例えば、酵母では酢酸リチウム法、動物細胞ではリポソームを用いた方法やエレクトロポレーション法により形質転換します。

（6）　遺伝子組換え実験の規制

　2000 年に生物の多様性に関する国際ルールのカルタヘナ議定書が採択され、2003 年に発効されました[70]。この議定書は、「遺伝子組換え生物等が生物の多様性の保全及び持続可能な利用に及ぼす可能性のある悪影響を防止するための措置」を規定したものです。ここで、遺伝子組換え生物等とはウイルス、ウイロイド、細菌、真菌、動植物の個体・配偶子・胚、種子などであり、培養細胞や DNA 断片など生物でないものは対象外になります。使用に関しては、食用・飼料用・実験材料等の使用、栽培・飼育・培養等の育成、加工・運搬・廃棄およびこれらに付随する行為が該当します。

　文部科学省は、この議定書に準じて、遺伝子組換えを行う場合のガイドラインを提示しました。微生物の遺伝子組換えの場合、宿主細胞、標的遺伝子とその DNA を供与する細胞、ベクタープラスミドに何を使うかにより、封じ込めのレベルが異なってくるだけでなく、場合によっては大臣承認が必要になります。本書では詳しく説明しませんが、遺伝子組換え実験を伴う場合、ガイドラインを熟知して、安全委員会の指示に従って研究を行わなければいけません。

2.　遺伝子を編集する技術

（1）　RNA 干渉とアンチセンス RNA

　さまざまな遺伝子制御技術が作られてきましたが、そのひとつに mRNA を分解して遺伝子の発現を抑制する RNA 干渉（RNAi）があります。1995 年にケンフェウス（Kemphues）らは線虫の実験において、順方向の RNA（センス RNA）が、逆方向の RNA（アンチセンス RNA）と同程度に遺伝子発現を抑制することを発見しました。この研究がきっかけとなって、mRNA と相補的な配列を持つ 2 本鎖 RNA（dsRNA）が細胞内にあると、その mRNA が分

解される「RNA 干渉（RNAi）」という現象が見いだされました[71]。

　RNAi のメカニズムを図 7-5 に示します。2 本鎖 RNA が細胞内に存在すると、それを加工する酵素（Dicer）が結合して短い断片（siRNA）に切断し、その 1 本を取り込んでマルチコンポーネントのヌクレアーゼ複合体（RISC）を形成します。RISC は、siRNA の 1 本鎖部分を目印として、それと相補する mRNA を見つけだして結合し、それを切断します。ただし、300 塩基対以上の長さの dsRNA では抗ウイルス応答が誘発されて細胞死（アポトーシス）を引き起すため、遺伝子のサイレンシングを目的として siRNA を使用する場合には、20 塩基前後のものを使用します。サイレンシング効果が起こるのは、siRNA を加えた翌日（約 24 時間）からで、その効果は 4 ～ 7 日間程度持続します。

　サイレンシングしたままの状態にしたい場合には、「shRNA」を用います。標的配列の DNA（20 個程度）とその逆向きの DNA の間にループ配列を入れた発現ベクターを作製し、それをサイレンシングしたい細胞で発現させます。すると、転写された RNA はループ構造を使って標的の RNA とアンチセンス RNA が 2 本鎖になった構造の RNA（shRNA）を形成し、さらに、そのループ部分が切断されて siRNA が作られます。こうすることにより siRNA を絶えず供給することができるので、shRNA では継続的な標的遺伝子のサイレンシングが可能になります。siRNA や shRNA を用いた遺伝子のサイレンシングは、ゼブラフィッシュやプラナリア、ショウジョウバエなどの多様な生物に適用されており、遺伝子の働きを調べる有効な手段のひとつになっています[72]。

　また、遺伝子のサイレンシングに、ループ構造を介さないアンチセンスが使われるケースもあります。アンチセンス RNA が細胞にあると、標的の mRNA に結合して 2 本鎖を形成します。リボソームは 2 本鎖の RNA を取り込めないため転写が行われず、しかも、その 2 本鎖 RNA は細胞内で断片化されてしまいます。

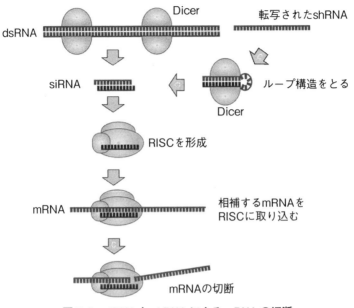

図 7-5　siRNA と shRNA による mRNA の切断

（2）　CRISPR/Cas9 による遺伝子編集

　遺伝子に変異を施す技術は急速に進歩を遂げて、部位特異的なヌクレアー
ゼを利用してピンポイントで標的遺伝子を改変する「ゲノム編集」の時代
に入ってきました。代表的なゲノム編集技術としては、ZFN、TALEN、
CRISPR/Cas9 が挙げられ、その中で最も重要なゲノム編集技術になりつつあ
るのが、CRISPR/Cas9 です。

　CRISPR と Cas9 は、もともと微生物の免疫機構として知られていました。
バクテリアのウイルスであるファージが感染すると、そのファージの塩基配
列の一部を認識し、再び感染したときにその配列を切断する仕組みが微生物
には存在します。2012 年に、この仕組みを応用し、染色体のどんな配列部
分でも特異的に切断できる CRISPR/Cas9 という技術が開発されました[73]。
CRISPR/Cas9 の概要を図 7-6 に示します。CRISPR/ Cas9 は、Cas9 ヌクレ
アーゼ（Cas9）とガイドとなる RNA（sgRNA）から構成されます。sgRNA

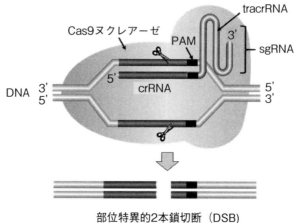

部位特異的2本鎖切断（DSB）

図7-6　CRISPR/Cas9 システム

は、（1）染色体 DNA 上にあるプロトスペーサー隣接モチーフ（PAM）配
列（5'-NGG-3'）、（2）その上流の 20 塩基程度の標的 RNA（crRNA）、（3）
Cas9 に結合する足場となる tracrRNA の 3 つの部分を 1 つの RNA 鎖にした
ものです。Cas9 は 2 つの DNA 切断ドメイン（RuvC ドメインと HNH ドメ
イン）を持っており、sgRNA を取り込んだ後、その配列に適合する染色体
DNA を見つけ出して、PAM の上流 3 塩基に位置する部分を切断します。切
断した 2 本鎖 DNA（DSB）は修復されますが、図7-7 のように鋳型なしに
修復する場合は、非相同末端結合（NHEJ）により末端同士を連結します。
NHEJ による連結は挿入欠損がしばしば生じ、結果として遺伝子のフレームシ
フト変異が起こります。また、NHEJ に加え、相同組換え型修復（HDR）を
用いれば、より精度の高い修復機構を利用した変異導入が可能になります。
　CRISPR/Cas9 を用いて変異を施す場合には、標的配列以外の類似配列を認
識して切断し、予期せぬ変異が生じる「オフターゲット変異」の問題がありま
す。それを避けるためには、できるだけ類似の塩基配列がない場所を検索サイ
ト（CRISPR Direct など）で探す必要があります。さらに以下の点に注意が
必要です。ヒトやマウスの細胞では、同一の遺伝子からいくつかの mRNA を
作るため、類似のタンパク質の活性を同時に止めたい場合、その多型に共通す

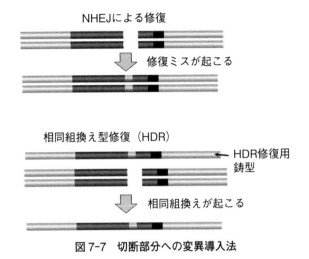

図7-7　切断部分への変異導入法

るエキソン配列部分を切断する必要があります。さらに、イントロン部分を切断しても意味がないので、標的部分（crRNA）の配列はイントロンをまたがない部分である必要があります。

　CRISPR/Cas9 システムはさまざまな改良が進められ、現在は新時代に入っています。例えば、Cas9 の改良が進められてきました。カリフォルニア大学バークレー校のチームが「CasY」と「CasX」を発見し[74]、京都大学や大阪大学のチームは Cas3[75] を使った編集を生み出しました。Cas3 はガイド RNA の標的部分が長く、大きな欠失を導入できるために Cas9 よりも特異的に切断でき、オフターゲット変異が起こりにくくなっています。また、Cas9 のアミノ酸残基を変更した SpCas9-NG は、5'-NGG-3' ではなく、5'-NG-3' を PAM 領域の代わりに認識するので、Cas9 よりも多様な箇所で切断が可能です。CRISPR/Cas9 システムは、その簡便さゆえに、多能性幹細胞への適用や遺伝子治療、あるいは転写制御のデザインなど非常に幅広い範囲で応用され始めています。

（3）　不活性型 Cas9 を使った遺伝子編集

　CRISPR/Cas9 は、改良が加えられ新しい技術が生み出されています（図7 -8）。それは、Cas9 を DNA の切断ではなく DNA 結合ドメインとして利用 し、Cas9 とさまざまな機能ドメインを結合することにより多彩な遺伝子編集 を可能にしようとするものです。Cas9 のヌクレアーゼ切断ドメインに変異を 導入して DNA を切断できなくした dead Cas9（本書では不活性型 Cas9 と呼 びます）が作られました[76]。この不活性型 Cas9 は sgRNA と相補する染色体 DNA に結合しますが、切断はできないので人工的な転写調節因子として使え ます。不活性型 Cas9 を用いて転写促進する技術（CRISPRa）や転写制御する 技術（CRISPRi）の研究が精力的に進められています。

　一方、不活性型 Cas9 を DNA の塩基配列の特異的置換に使う方法も研究 されています[77]。これは、不活性型 Cas9 とデアミナーゼを組合せた複合体 により、不活性型 Cas9 が認識した塩基を脱アミノ化する方法です。不活性型 Cas9 にラットのデアミナーゼを組合わせたもの（BaseEditor）やヤツメウナ ギのデアミナーゼを組合わせたもの（Target-AID）などが報告されており[78]、 それらは標的塩基のシトシンをグアニンに置換できます。また、アデニンから

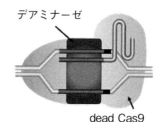

CRISPRaとCRISPRi
不活性型Cas9をプロモー ター付近の配列に結合させ、 転写調節因子として利用 する技術

BaseEditor・Target-AID
不活性型Cas9にデアミナー ゼを結合したもので標的配列 のシトシンをグアニンに変換 する

図7-8　不活性型 Cas9（dead Cas9）とその利用法

グアニンに変換するデアミナーゼ（TadA*）も作られており、A から G への置換が可能になってきました。遺伝子配列を自由に書き換えて、遺伝病を受精卵の段階で治療する時代がいずれ訪れるかもしれません。

次世代バイオテクノロジーが拓く世界

　第3部は、「次世代バイオテクノロジーが開く世界」について説明します。

　まず、第8章ではタンパク質工学について説明します。進化分子工学が生み出されたことを皮切りに、未知の反応を触媒する酵素を人工的に生み出すことができるようになってきました。今後、化学反応の世界が人工タンパク質に置き換わる日が来るかもしれません。第9章では遺伝子組換えや遺伝子編集による次世代の医薬や治療法を説明します。すでに画期的な医薬や治療法が生み出されていますが、今後もこの分野はすさまじい勢いで発展を遂げることでしょう。最後に第10章では、食糧や環境の問題について説明します。地球環境の悪化は深刻化の一途をたどっており、バイオの力も借りて何とか軌道修正しなくてはなりません。遺伝子組換えを利用した作物や地球にやさしい微生物が今後の地球の行く末を決めることでしょう。

　これからバイオテクノロジーを始める人はこれらを参考にして、自分が今後どのような課題に取り組むべきかについて考えてみてください。

第**8**章

人工タンパク質が拓く新しい化学

1. 組換えタンパク質の生産技術

（1）　組換えタンパク質の分泌生産

　生体内で重要な役割を果たすタンパク質を遺伝子組換え技術を利用して改変し、新しい機能を付与する技術を「プロテインエンジニアリング」といいます。プロテインエンジニアリングの対象は多岐に渡りますが、シグナルをつけて精製しやすくすると同時に生産性を高めることから説明します。組換えタンパク質を高純度に精製したり、触媒として利用しやすくしたりすることは組換えタンパク質を工業的に生産する上で非常に重要で、そのためには、細胞内で生産するよりもタンパク質の少ない培地中に分泌させることが有利です。培地中に分泌させると精製が容易なだけでなく、合成培地中にはタンパク質分解酵素が少ないので、生産した組換えタンパク質が分解されるのを避けることができます。

　大腸菌を宿主として組換えタンパク質を生産するにはさまざまな工夫が必要です。大腸菌の細胞内は還元的な環境になっており、大腸菌で組換えタンパク質を作ると、正しい3次構造にはならず、変性して沈殿した「インクルージョンボディー」と呼ばれる状態を形成してしまいます。この問題の解決するために、① NusA などを使って大腸菌内で可溶性の高いタンパク質と融合して発現する方法、② Trx や GST などにより還元環境を改善させるタンパク質と融合して発現する方法、③シグナル配列 Dsb を付加して分泌し、中性環境

に近いペリプラズム（大腸菌内外膜間の空間）に発現する方法など多くの解決策が提案されています[79]。

　この他にも図8-1に示す多くの微生物で異種タンパク質を分泌生産するための宿主－ベクター系が開発されてきました[80]。細菌の中では、グラム陽性菌の*Brevibacillus*が高いタンパク質の分泌能を有しており、組換えタンパク質の分泌生産には*Brevibacillus*の宿主－ベクター系がよく用いられています[81]。一方、酵母にはエクソサイトーシス機構があり、正しい3次構造のタンパク質を分泌生産するのに有利です。α−ファクターやキラータンパクの分泌シグナルを利用したパン酵母の分泌ベクターが作られましたが、パン酵母には糖鎖が高マンナン型であることや、タンパク質の分泌量が少ないという弱点がありました。これに対して、酵母の*Picha pastoris*はタンパク質の分泌能力が非常に優れており、糖鎖もヒトの糖鎖にも近いことから、酵母を用いた組換えタンパク質の分泌生産には、*P. pastoris*の宿主ーベクター系がもっぱら用いられています[82]。この他にも、バキュロウイルスを用いたカイコが組換えタンパク質の分泌系として利用されています。カイコは酵母よりも高等な生物であることから、ヒトのホルモンを分泌生産するのに適した環境であり、高い生産能力を有しています[83]。

（2）　タンパク質のタグ

　図8-1に示すようにタンパク質のC末端側（あるいはN末端側）に目印となるペプチドをつければ、精製を容易にしたり、精製後の酵素の固定化を容易にしたりすることができます。このようなペプチドやタンパク質を「プロテインタグ」と呼びます。プロテインタグにはいくつか種類があります[84]。例えば、他の分子との特異的な結合性や親和性を利用したタグで比較的短いペプチドからなるタグとして、His、FLAG、HAなどがあります。Hisタグの場合、ヒスチジン残基を6個ほどつないだ短いペプチドをC末端に結合します。ニッケルイオンを固定化したキレート樹脂に、Hisタグのついたタンパク質の溶液を流しこむと、タンパク質のHisタグ部分が樹脂に吸着します。その後、イミダゾール溶液を樹脂に流しこめば、樹脂からタンパク質が外れて回収できま

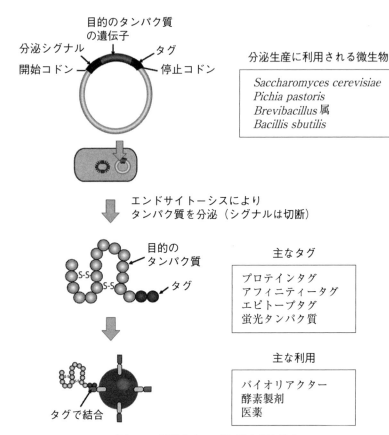

目的のタンパク質
の遺伝子

分泌シグナル　　　　　タグ

開始コドン　　　　　　停止コドン

分泌生産に利用される微生物

Saccharomyces cerevisiae
Pichia pastoris
Brevibacillus 属
Bacillis sbutilis

エンドサイトーシスにより
タンパク質を分泌（シグナルは切断）

目的の
タンパク質

S-S

S-S

タグ

主なタグ

プロテインタグ
アフィニティータグ
エピトープタグ
蛍光タンパク質

主な利用

バイオリアクター
酵素製剤
医薬

タグで結合

図8-1　組換えタンパク質の分泌生産

す。また、FLAG（DYKDDDDK）はエンテロキナーゼによってタグを切断
することができます。タンパク質を医薬品として利用する場合にはタグが邪魔
になりますから、精製後にタグを取り除けると医薬品として利用できます。抗
体のエピトープのタグである「エピトープタグ」の場合、ウエスタンブロティ
ング、免疫染色、フローサイトメトリーにタグに対する抗体を利用することが
できます。

　一方、マルトース結合タンパク質やチオレドキシンなどの比較的分子量の
大きなポリペプチドをタグとして用いる場合もあります。大腸菌で発現させ

る場合に、これらのタグを付けることで、不溶化しやすいタンパク質を可溶化しやすくできる点がこのタグの長所です。さらに、標的遺伝子が発現しているかを確認するためのマーカーとしてタグを利用する場合もあります。ホタルやウミシイタケのルシフェラーゼにより発光させたり、緑色蛍光タンパク質（GFP）を融合タンパク質として発現したりすれば、リアルタイムで追跡できます。

2.　進化分子工学と人工タンパク質

（1）　シミュレーションに基づく人工タンパク質の設計

　DNA に変異を施して人工タンパク質（Artificial proteins）を作り、天然のタンパク質にはない特性を付与することが近年盛んに研究されています。

　目的の人工タンパク質を取得する方法のひとつとして、シミュレーションにより未知のタンパク質の構造設計を行い[85-86]、その結果に基づいてタンパク質に部位特異的変異を施す方法があります。タンパク質の 3 次構造は、折り畳み構造やモチーフなどの類似の基本立体構造から構成されています。2 つのタンパク質の塩基配列において 30％のホモロジー（類似性）があれば、2 つのタンパク質は類似の構造をとり、ホモロジーが高くなるほど 3 次構造は近づきます。そのため、未知のタンパク質の 3 次構造は、データーベース上のホモロジーの高いタンパク質の情報を使ってシミュレーションすれば、3 次構造を推定することができます。その他にも、系統発生や動力学に基づくシミュレーションを用いるホモロジーモデルもいくつか提案されています。

　20 世紀はコンピュータの計算速度が遅く、コンピュータを利用した構造設計に対する信頼度があまり高くありませんでした。しかし、21 世紀になって生み出されたスーパーコンピュータは「富岳」に代表されるように驚異的な計算速度を有しており、スーパーコンピュータを用いた構造設計の信頼度は格段に上がっています。さらに、タンパク質の構造に関する科学的なデータも充実しつつあります。PDB（Protein data bank）には、3 次元の構造決定に重要な NMR や X 線解析に関する科学的なデータがここ数年驚くべきスピー

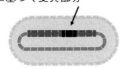
コンピュータを用いた分子設計に基づく変異部分

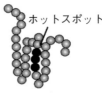
ホットスポット

ホットスポットの部位特異的変異

C末端

N末端やC末端の切断（tunicatin）

図 8-2　コンピュータシミュレーションに基づく人工タンパク質の作製

ドで蓄積されてきました。そのため、未知のタンパク質のデザインには、コンピュータによるシミュレーションが強力な武器となっています。

　シミュレーションにより変異部位が決まれば、ホットスポット（特性に関連する部位）での「部位特異的変異」により変異を行います（図8-2）。部位特異的変異の良いところは、ライブラリー（変異処理を施したタンパク質の集団）が非常に小さいので、目的のタンパク質を容易に見つけられることです。また、部位特異的変異として、タンパク質を切断（truncation）する方法もあります。一般にはN末端側やC末端側の一部分を切断するのが普通で、それらの部位の切断により、アミラーゼやトランスグルタミナーゼで活性と熱安定性が非常に改善したという報告があります。

（2）　進化分子工学を用いた人工タンパク質の作製

　短期間で進化を行うことにより自然界にはない酵素を生みだそうという試みが始まっています[87]。きわめて長い年月をかけて生物が突然変異と自然淘汰を繰り返すことで起こる変化を、試験管内で短時間に進行させようというもので、「指向性進化法」と呼ばれています。以下に、この指向性進化法について順を追って説明します。

　指向性進化法ではDNAあるいはRNAにランダムに変異を加えます。ランダムに変異を加える方法としては、エラープローンPCR（Error-prone PCR）法、DNAシャッフリング法、StEP法（図8-3.A-C）[88-90]があります。エラープローンPCR法では、dNTPの4つの塩基のバランスを不均一にし

て Mg イオンの濃度を高め、複製の厳密度が低い DNA ポリメラーゼ（Error
-prone DNA ポリメラーゼ）を使って、複製ミスの起こりやすい条件下で
PCR を行います。これにより複製ミスの確率が格段に上昇し、変異をランダ
ムに導入できます。また、DNA シャッフリング法は 1994 年 Stemmer らに
より開発されました。目的のタンパク質をコードした異なる 2 種類以上の遺
伝子を切断し、お互いの断片を鋳型として PCR を行います。DNA シャッフ
リング法を改良したのが、StEP 法です。複数の異なる鋳型 DNA とそれぞれ
の 5′- 末端側のプライマーを用い、短時間の伸長反応を繰り返すという方法で
す。

　変異処理を施した DNA ライブラリー（DNA variants）あるいは RNA ラ
イブラリー（RNA variants）の中から優れたものを見つけるためには、それ
らをタンパク質に翻訳してスクリーニングする必要があり、しかもタンパク質
がどの DNA あるいは RNA から作られたものかがわかるように 1：1 の紐付
けをする必要があります。それを可能にしたディスプレイが、細胞を使わない
in vitro 系と細胞を使う *in vivo* 系で提案されています。

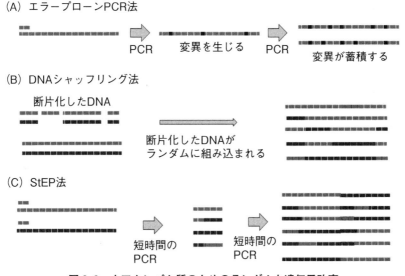

図 8-3　人工タンパク質のためのランダムな遺伝子改変

　in vitro 系では、無細胞タンパク質合成系を使います。無細胞タンパク質合成系とは、リボソーム、エネルギー物質、アミノ酸、補酵素、シャペロニンなどが含まれている反応液で、小麦胚芽や昆虫細胞の抽出液、あるいは Pure system などの大腸菌成分を生成したものです。無細胞タンパク質合成系を使えば、DNA から mRNA、あるいは mRNA からタンパク質を合成することができます。

　in vitro の主なディスプレイとして、RNA ディスプレイ、DNA ディスプレイ、リボソームによるディプレイがあります[91]。これらのディスプレイの概略を図 8-4 に示します。RNA ディスプレイ（図 8-4.A）では、DNA にランダム変異を加えたもの（DNA variants）から mRNA のライブラリーを作ります。その際に、mRNA の終止コドンは取り除き、その 3'- 末端側にリンカーを介してピューロマイシンを結合します。そして、これを無細胞タンパク質合成系を使ってタンパク質を合成します。mRNA の合成が終了に近づくと 3' 末端側のピューロマイシンがタンパク質合成を停止しますが、停止コドンがないのでリボソームは解体できず、mRNA、リボソーム、合成したタンパク質からなる分子（RNA ディスプレイ）ができあがります。

　一方、DNA ディスプレイ（図 8-4.B）では、ランダム変異した DNA の 3'- 側にストレプトアビジン遺伝子を結合し、さらに DNA をビオチンでラベルしておきます。W/O エマルジョンの中に無細胞タンパク質合成系とこの DNA を封入してタンパク質を合成すれば、ストレプトアビジンとの融合タンパク質が合成されます。ストレプトアビジンは、ビオチンと強く結合するので、ストレプトアビジンとの融合タンパク質と DNA が結合したもの（DNA ディスプレイ）ができあがります。この他にも、リボソームを用いたディスプレイ（図 8-4.C）もあります。リボソームは小さなリン脂質 2 分子膜で、この中に、ランダム変異した mRNA と無細胞タンパク質合成系を封入してタンパク質を合成し、そのタンパク質をリボソーム表面に提示します[92]。

　これらディスプレイから、標的となる化合物との結合力が高いものを見つけるには、標的化合物を結合した 96 ウェルプレートにディスプレイを入れ、強く結合したものを選び出す方法（バイオパニング法）が使われます。リポ

(A) RNAディスプレイ

mRNA　ピューロマイシン

終止コドンを除去

反応が停止

リボソームが解体しない

(B) DNAディスプレイ

DNA　ビオチン

ストレプトアビジン遺伝子

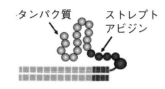

タンパク質　ストレプトアビジン

ストレプトアビジンが
ビオチンと結合

(C) リポソームディスプレイ

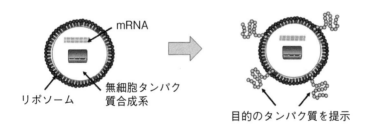

mRNA

リポソーム　無細胞タンパク
質合成系

目的のタンパク質を提示

(D) ファージディスプレイ

ファージ表面タン
パク質の遺伝子　目的遺伝子

大腸菌　ファージ遺伝子

目的のタンパク質を提示

ファージ

図8-4　さまざまなディスプレイ

ソームのディスプレイの場合には、標的化合物を結合してFACS装置により選別することもできます。

一方、*in vivo*系では、主にファージディスプレイが使われます[93]。ファージディスプレイ（図8-4.D）では、M13ファージのg3pタンパク質のN末端やT7ファージのg10タンパク質のC末端にDNA variantsを結合した融合タンパク質を、ファージ表面に発現させます。そのファージライブラリーのスクリーニングは主にバイオパニング法で行います。この他にもウイルスのゲノムを包むタンパク質（ヌクレオカプシド）を用いたディスプレイも作られています。*in vitro*系の場合は、酵素活性、熱安定性などさまざまな特性を調べることが可能という利点がありますが、進化分子工学的な操作を進める際の手間は大きく、ライブラリーのサイズが大きいケースには不向きです。指向性進化法は図8-5のように、遺伝子の変異、ディスプレイに提示、スクリーニングを繰り返すことで、分子を進化させていきます。

（3） メタゲノムによる未知のタンパク質の探索

今まで述べてきたのは、既存のタンパク質を改変して人工タンパク質を生み出す試みでしたが、それ以外にも未知の微生物が有するタンパク質を探し出

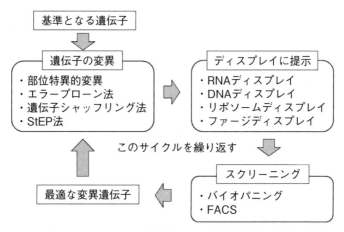

図8-5 指向性進化法の流れ

す試みもなされています。土壌微生物の研究から、通常の培地で増殖できる微生物は土壌全体に生息する微生物の1%に過ぎないことがわかってきました。残り99%を含めたすべての遺伝情報をメタゲノムと呼び、メタゲノムを取り扱う分野を「メタゲノミクス」と呼びます。メタゲノムの中には、今まで想像もしなかったタンパク質が隠れていることから、メタゲノムの研究が盛んに行われています[94]。

　メタゲノム法の概要を図8-6に示します。メタゲノムを得るには、最初にターゲットとなる場所から得た微生物のDNAを培養することなく精製します。その後、得られたDNAを制限酵素で切断し、適当なベクタープラスミドと結合して、メタゲノムのライブラリーを作製します。メタゲノムのライブラリーの塩基配列を決め、既存のタンパク質とのホモロジー検索により新規なタンパク質の配列を見いだします。特殊な環境に存在する微生物由来のメタゲノムは特に有用で、特殊な環境であるがゆえに培養できずに見つかっていない微生物もたくさんいます。メタゲノムの手法が開発されたことにより、新規なタンパク質の遺伝情報が急速に蓄積されつつあります。

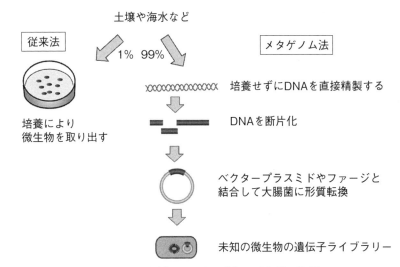

図8-6　メタゲノムによる未知の遺伝子の取得

（4） 進化分子工学が拓く世界

　進化分子工学のひとつのターゲットは、活性が数百倍のタンパク質やまだ世の中に存在しない反応を触媒できるスーパータンパク質を作り出すことです。例えば、DNA シャッフリングを3サイクル繰り返すという方法で、β ラクタマーゼの活性が 32,000 倍も向上しました。その他にも、反応性を改変した非常に多くの酵素が生み出されています[95]。例えば、天然には存在しない Kemp 反応を触媒する酵素が作られたり、アルドラーゼ反応の活性が高い酵素が作られたりしました[96]。また、メタゲノミクスによっても多くの新規なタンパク質が見つけ出されており、例えば、ニトリラーゼを有する微生物は長年の研究で 20 以下しか見いだされていなかったのに対して、メタゲノミクスにより 300 以上もの新規遺伝子が見つかりました。さらに、進化分子工学の技術は、代謝経路やプロモーター、エンハンサーなどの改良にも適用されています。

　バイオリアクターは常温常圧で反応し、特異性が高く余分な副生成物を生じないことから、化学合成をバイオリアクターで行う時代が来るのではないかと期待されましたが、酵素が失活するという問題を克服できず、いまだに数例しか工業的な化学反応に使われていません。しかし、進化分子工学が進めば、今後は画期的な生体触媒を生み出すことが可能であり、化学工業の世界は近い将来大きく変わるかもしれません。

　進化分子工学のもうひとつのターゲットは、生命の起源についての理解を深めることです。図 8-7.A-C に示すようなさまざまなアプローチが行われてきました。ギブソンらは、化学的に合成された人工ゲノムを作り、ゲノムを取り除いた細胞にそのゲノムを入れることに成功しました[97]。また、別のグループはゲノムを削除していき、最少の細菌のゲノムを作りました。作製したゲノム JCVI-syn3A は、521kb（473 遺伝子）であり、このゲノムを有する脂質二分子膜は、増殖可能で微生物としての特性を示しました[98]。一方、スゾスタック（Szostack）らは 90 塩基からなる RNA を 10^{15} 種類化学合成し、エラープローン PCR 法を用いた指向性進化を 10 ラウンド行うことで、RNA リガーゼ活性を有する RNA を生み出すことに成功しました。さらに、自然界にはない

塩基のペアと100以上の自然界にはないアミノ酸を用いて無細胞タンパク質合成系を使ってタンパク質を合成すると、自然界にはないアミノ酸が取り込まれたタンパク質が作り出されました[99]。このようにRNAを用いた進化分子工学の研究は着々と進んでおり、生命の起源を解き明かす鍵を与えてくれるかもしれません。

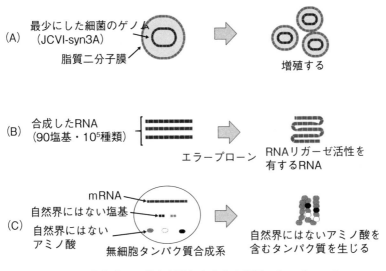

図8-7 進化分子工学を利用した生命の起源へのアプローチ

第 9 章
次世代の医薬と治療

1. 分子を標的とする医薬

（1）　ゲノム創薬

　分子を標的とする医薬を「分子標的薬」と言います。多くの病気は、遺伝子の変異により、発現やシグナル伝達が正しく行われなくなることが原因で発症します。そのため、分子標的薬の多くは、発現制御やシグナル伝達に関する受容体や酵素を標的とした作動剤（アゴニスト）や阻害剤（アンタゴニスト）です。標的となるタンパク質と特異性が高いことが分子標的薬の利点で、特異性が高いほど副作用を低減することができます。

　従来の分子標的薬の開発では、多数の類似化合物を合成し、それらすべての活性を調べることで標的となるタンパク質に特異性が高い化合物を選び出してきました。これに対して、最近では「ゲノム創薬」が注目されています。ゲノム創薬は、タンパク質のデータベースを活用し、タンパク質の活性部位と化合物との相互作用をシミュレーションにより計算して作る分子標的薬で、いくつものゲノム創薬が生み出されています[100, 101]。ゲノム創薬は、多数の化合物を合成して試す必要がないので、薬の開発期間を短くでき、なおかつ開発費用も少なくてすむという利点があります。現在は、ゲノム情報とタンパク質の情報が充実してきただけでなく、スーパーコンピュータの計算速度も格段に上昇したこともあり、ゲノム創薬の手法が有機化合物系の医薬開発の主流になりつつあります。

（2）核酸医薬

　低分子の分子標的薬として注目されているのが「核酸医薬」です。核酸医薬
では数十塩基以下の長さの核酸が使われ、標的となる核酸やタンパク質と相互
作用して遺伝子発現を抑制する働きやタンパク質機能を阻害する働きがありま
す。核酸医薬としては、サイトメガロウイルス性網膜炎に対するアンチセンス
医薬のホミビルセン（Fomivirsen）が世界で最初に承認され、日本では 2008
年に、加齢黄斑変性の治療薬として「マクジェン」が初の核酸医薬として承認
されました。

　主な核酸医薬のタイプには、図 9-1 に示すようなアンチセンス核酸、
siRNA、アプタマー、CpG ODN、デコイ核酸などがあります。アンチセン
ス核酸（図 9-1.A）は古くから注目されてきました。アンチセンス核酸は、
14－30 塩基程度の短い 1 本鎖 DNA（あるいは RNA）で、標的の mRNA と
結合するように設計されます。アンチセンス DNA が mRNA に結合すると、
mRNA 機能を阻害したり、RNA 分解酵素（RNase H）により mRNA が切
断されたりすることで、mRNA の発現が抑制されます [102]。アンチセンス核酸
は、遺伝子発現のコントロールで重要な miRNA を阻害するのに有効であり、
それを標的にしたアンチセンス医薬がいくつか開発されています。また、アン
チセンス核酸は、特定のエクソンを飛ばして読み枠を正しくすること（エクソ
ンスキップ）や、意図的に除去しないようにすること（エクソンインクルー
ジョン）などのスプライシングの制御も可能です。

　アンチセンス核酸医薬としては、家族性高コレステロール血症の治療薬
mipomersen、デュシェンヌ型筋ジストロフィー治療薬の eteplirsen、脊髄
性筋萎縮症治療薬の nusinersen などが承認されています。アンチセンス核酸
は、1 本鎖の DNA（あるいは RNA）であるため生体内で分解されやすいと
いう問題がありましたが、リン酸部位を修飾したり、糖鎖部位を架橋すること
により、安定性を高める工夫がなされています。例えば、毒性が低くかつ生体
内の安定性が高いことが知られているモルフォリン骨格の核酸（モルフォリノ
核酸）や 2, 4'-BNA/LNA などの架橋型核酸が開発されています。

　siRNA（図 9-1.B）は第 7 章で説明したように、siRNA に相補的な mRNA

を分解することにより、その遺伝子の発現を抑制するものです[103]。siRNA を体内の目的の細胞に到達させるには、ヌクレアーゼによる分解や免疫応答から逃れる必要がありますが、siRNA は RISC による認識と切断が必要なため、アンチセンス核酸のように多彩な修飾を行うことができません。分解や免疫応答を逃れる手段としては o- メチル化や 2'- フロロ化したものが用いられています。

　また、目的の細胞に siRNA を送り届けるために、siRNA を脂質ナノ粒子（LNP）に封入したり、N- アセチルガラクトサミン（GalNAc）などのコンジュゲートと共有結合する方法が検討されています。血中に入った LNP は速やかに肝臓に取り込まれる他、GalNAc と結合した siRNA も肝臓に取り込まれやすくなります。そのため、多くの siRNA 医薬のターゲットは肝臓です。臨床試験も進められており、例えば、遺伝性アミロイドーシスの治療薬としてパチシランが開発されています。この病気は、TTR 遺伝子の変異により 4 量体の TTR タンパク質が変化し、さまざまな障害を引き起こす病気です。パチシランの投与により、変異 TTR タンパク質が 90％減少し、28 日後でも 70％の抑制効果が持続していました。このように、1 回の投与で効果が持続する点が、siRNA 医薬のメリットと言えます。

　アプタマー（図 9-1.C）は、標的タンパク質と特異的且つ強固に結合し、そのタンパク質の機能を阻害する人工的に設計された 1 本鎖の DNA（あるいは RNA）です[104]。アプタマーは、SELEX 法を用いてスクリーニングされます。SELEX 法は、ランダム合成した 1 本鎖 DNA（あるいは RNA）のライブラリーを、標的タンパク質を固定化したカラムに通して、結合力の強いものを選別する方法です。現在では選別効率を高めるために、多くの SELEX 法の改良法（Primer-free SELEX 法、Cell SELEX 法、Rapid-SELEX 法など）が提案されています。アプタマーは、抗体よりも特異的かつ強い結合力で標的タンパク質と結合できる上に免疫原性が低いため、抗体医薬にかわるものとして期待されています。現在、アプタマー医薬として、補体因子 C5 を標的とする ARC1905、ケモカインの MCP-1 や SDF-1 を標的とする NOX-E36 や NOX-A12、繊維芽細胞増殖因子の FGF2 を標的とする RBM-007 などが開発

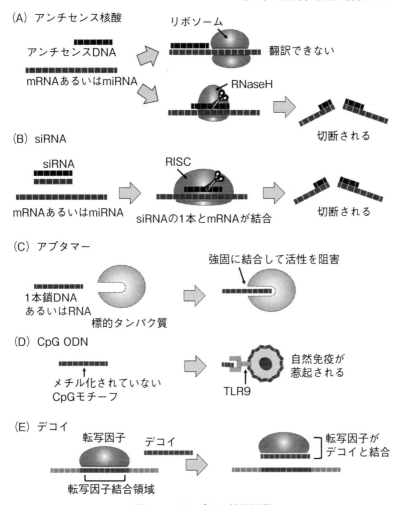

(A) アンチセンス核酸

リボソーム

アンチセンスDNA

翻訳できない

mRNAあるいはmiRNA

RNaseH

切断される

(B) siRNA

siRNA

RISC

mRNAあるいはmiRNA

siRNAの1本とmRNAが結合

切断される

(C) アプタマー

強固に結合して活性を阻害

1本鎖DNA
あるいはRNA

標的タンパク質

(D) CpG ODN

メチル化されていない
CpGモチーフ

TLR9

自然免疫が
惹起される

(E) デコイ

転写因子　　デコイ

転写因子が
デコイと結合

転写因子結合領域

図 9-1　さまざまな核酸医薬

され、臨床試験が進められています。

　この他にも CpG オリゴデオキシヌクレオチド（CpG ODN）（図 9-1.D）が
あります[105]。バクテリア由来の DNA は、CpG モチーフ（シトシンとグアニ
ンがホスホジエステル結合でつながった配列）がメチル化されていないため、
Toll 様受容体（TLR9）を介してナチュラルキラー細胞（NK 細胞）を活性

化し、インターフェロンαやインターロイキンの産生を促します。このCpG ODNの免疫活性効果をうまく利用するために、ナノ粒子化が進められています。また、CpG ODN医薬は、自然免疫活性力が強いことからアジュバンドとしても有効で、B型肝炎ワクチンのHeplisav-Bが2017年にFDAにより承認されただけでなく、マラリアやインフルエンザなどのワクチンのアジュバンドとしても臨床試験が進んでいます。さらに、CpG ODNは併用療法での抗腫瘍薬や抗アレルギー薬としても期待されています。この他にもデコイ型核酸医薬（図9-1.E）もあります[106]。デコイは転写因子あるいは転写調節因子と結合する配列を有するDNAで、それらの因子と結合することで遺伝子の発現を制御します。デコイ型核酸医薬も他の核酸医薬と同様に安定性に問題がありましたが、現在ではナノ粒子に封入したもの、リボン型やSMAPデコイなど閉環したものなどが考案されており、その安定性はかなり向上しています。

　以上のように、核酸医薬は、特異性と結合力が高い点で分子標的薬として優れており、体内での安定性も改善されてきました。今後更なる発展を遂げるためには、目的の組織に送り込む技術（ドラッグデリバリー技術）が重要になってくるでしょう。

（3）　遺伝子ワクチン

　mRNA医薬は、mRNAを体に注射して体の細胞に取り込ませ、体の細胞を使ってmRNAがコードしたタンパク質を作らせるものです。この考えは1990年代からありましたが、mRNA分子が生体内で不安定であることや、外来性のmRNAを異物として認識して思わぬ毒性を引き起こすことなどの解決すべき問題があり、ここ数年前まであまり研究が進展していませんでした。

　しかし、コロナウイルスの世界的流行により、mRNAのワクチンへの利用が注目されるようになってきました。ワクチンは、病原体を弱毒化や不活化して作るのが一般的で、その安全性を確かめるには多大な時間と費用を費やしてきました。これに対して、mRNAワクチンの場合、ウイルスの塩基配列が短期間で判明するので開発までに要する時間は短く、ワクチン接取後も時間が経過すればウイルス由来のmRNAは消失するので安全性も高いという特徴があ

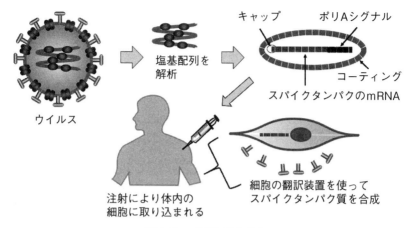

図9-2　mRNA ワクチン

　ります。さらに、ウイルスの変異株が出現しても、mRNA ワクチンの場合には、mRNA の配列を変えるだけでよく、非常に迅速で容易に変異株に対応できる点も大きなメリットです。

　mRNA ワクチンの概要を図9-2に示します。新型コロナウイルス感染症（COVID-19）に対して開発されたファイザー製薬 BNT162b2 やモデルナの mRNA-1273 が、パンデミックに対する緊急使用承認により mRNA ワクチンとして初めて実用化され、これまで実績のなかった mRNA ワクチンの有効性が実証されました[107]。mRNA ワクチンの他にも、イギリスのアストラゼネカの開発したウイルスベクターを利用したワクチンがあります。これについてもヨーロッパを中心にワクチン接種がなされ、その有効性が実証されました。今後、遺伝子ワクチンは、緊急時のワクチン開発の主流になるでしょう。

（4）　抗体医薬

　マウスのモノクローナル抗体は、今やタンパク質の分析には欠かせないものになっていますが、マウス抗体には抗原性があるために治療用の抗体には使えません。そこで、治療用抗体（抗体医薬）の開発が進められました。遺伝子組換え技術の開発により、1980 年代後半からヒト化抗体の作製が試みられて

きました。ヒト化抗体とは、標的抗原に対してモノクロナール抗体を作るマウスハイブリドーマから抗体遺伝子の V 領域を取り出し、その後ろにヒト IgG 抗体の C 領域の遺伝子を連結したものです。ヒト化抗体は、抗原への特異性には優れていたのですが、マウスの V 領域部分に抗原性が残存するという問題がありました。

　そこで、「ヒト抗体（V 領域もヒト由来の抗体）」が作られるようになりました。抗原と結合するヒトの V 領域を見つけ出すために、8 章で述べたファージディスプレイが用いられました[108]。抗体のファージディスプレイでは、ヒトの胸腺にある B 細胞に存在する IgG あるいは IgM 抗体遺伝子の V 領域部分を PCR 法により取り出して、ファージ表面のタンパク遺伝子と融合してファージ表面に提示します。ヒト抗体は、ファージディスプレイにより見つけ出したヒト抗体の V 領域とヒト IgG 抗体の C 領域と融合したタンパク質を遺伝子組換えにより作ったものです。

　その後、ヒト抗体を作製する方法としてハイブリドーマ法が注目されるようになりました。図 9-3.A に示すように抗体の H 鎖の可変領域は V 断片、D 断片、J 断片から 1 つずつ選びだして再構成した VDJ 断片（L 鎖は VJ 断片）からなり、この多様な組み合わせにより抗原に対する特異性を獲得しています。ブリュッゲマン（Brüggemann）らは、再構成する前のヒト IgG の H 鎖の遺伝子を導入したトランスジェニックマウス（Tg マウス）が、VDJ を正しく再構成したヒトの μ 鎖を有する抗体を産生することを報告しました。その後、抗体を作れなくしたマウスに、染色体のヒトの抗体遺伝子を作る部分を組み込み、Xeno Mouse などのヒト抗体産生マウスが生み出されました。また、ヒト人工染色体（HAC）を利用するトランスクロモソミックマウス（TC マウス）の作製法が開発され、ヒト抗体遺伝子全長がマウスに導入されました（図 9-3.B）。これらのヒト抗体に関する一連の技術開発により、TNFα に対する「ヒュミラ」や乳がん再発患者に対する「ハーセプチン」などヒト型のモノクロナール抗体が次々と生み出されました。

　最近では、ヒト抗体は、図 9-4 に示すような薬効の増強や利便性を改良した抗体薬物複合体（ADC）、ポテリジェント抗体、バイスペシフィック抗体な

(A) ヒトの抗体遺伝子

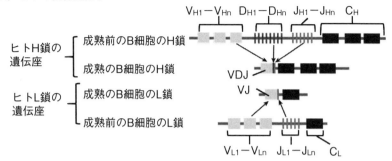

(B) TCマウス

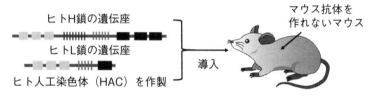

図9-3　抗体遺伝子の再構成とトランスクロモソミックマウス

どの次世代抗体の時代に入ってきました。ADC（図9-4.A）は、モノクローナル抗体と低分子の医薬を適切なリンカーを介して結合したもので、抗体を利用して標的細胞の細胞表面に結合し、エンドサイトーシスによりリソソームに取り込まれてリンカーが切断されて薬物を放出します。ADC は特異性が高いので、薬効が優れています[109]。

　もうひとつの抗体活性を高める技術として、ポテリジェント抗体（図9-4.B）があります[110]。抗体は標的となる病原体に結合して NK 細胞やマクロファージを呼び寄せ、それを殺傷する働きがあります。そのような活性を抗体依存性細胞障害活性（ADCC 活性）と呼びますが、抗体分子にある糖鎖のフコースが ADCC 活性に重要な役割をしています。ポテリジェント抗体は、フコースを取り除くことで、ADCC 活性を非常に高めた抗体です。一方、標的となる病原体に結合して、補体を活性化して殺傷する場合は補体依存性細胞傷害活性（CDC 活性）と呼びますが、2つの IgG のアイソタイプ分子を組み合わせる"アイソタイプキメラ"を作る技術（コンプリジェント技術）により、CDC 活

(A) 抗体薬物複合体（ADC）

薬物が放出される

リンカー
＋薬物

エンドサイトーシス
による取り込み

リソソーム内の
酵素による切断

(B) ポテリジェント抗体

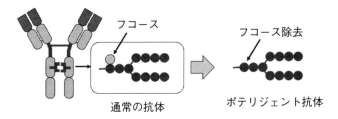

フコース

フコース除去

通常の抗体

ポテリジェント抗体

(C) バイスペシフィック抗体

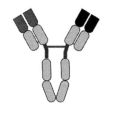

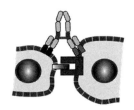

2種類抗原と結合部位
を有する抗体

2種類抗原と結合することで細胞
間の結合力が高まる

図9-4　さまざまな次世代の抗体医薬

性が高まることも報告されています。

　2種類やそれ以上の抗原に結合できるバイスペシフィック抗体（図9-4.C）やマルチスペシフィック抗体も、次世代抗体として期待されています[111]。バイスペシフィック抗体は、2種類の細胞を架橋したり、同一細胞の表面にある2種類の抗原を架橋することにより、薬効の増強やシグナル伝達の阻害など多

彩な効果が期待されています。例えば、CBA-1535 は、がん細胞と T 細胞を結びつけるマルチスペシフィック抗体で、マウスの実験では強い薬効があることがわかっています。

2. 遺伝子改変を利用した病気の解明と次世代医療

（1） ES 細胞を用いたトランスジェニックマウスの作製

　受精卵は最初は均等に分裂しますが、6 回の分裂により得られる 64 個の細胞は、胚盤胞と呼ばれる状態を形成し、その胚盤胞の内部には「内部細胞塊」が出現します。内部細胞塊を構成する細胞は分化誘導因子の添加により、胚体外組織以外のほぼすべての体細胞に分化することができる幹細胞で、胚性幹細胞（ES 細胞）と呼ばれています。この ES 細胞は、遺伝子を編集したマウス（トランスジェニックマウス）の作製に画期的な方法を提供しました。

　ES 細胞を用いたトランスジェニックマウス作製法の概要を図 9-5 に示します。まず標的遺伝子を破壊（あるいは導入）したベクターを作製し、それをマウスの ES 細胞に導入することにより、遺伝子を改変した ES 細胞を作製します。そして、この遺伝子を改変した ES 細胞を、受精卵の胚盤胞に注入してキメラ胚を作製し、それをマウスの子宮に戻してキメラマウスを作ります。生まれてきたマウスは、最初は遺伝子の片方に遺伝子変異が導入された個体（ヘテロ接合体）なので、ヘテロ接合体同士を掛け合わせてホモ接合体を作ります。

　遺伝子が破壊されたマウスを「ノックアウトマウス」、遺伝子が組み込まれたマウスを「ノックインマウス」と呼びます。ノックアウトマウスとノックインマウスは、遺伝子の役割を解明する上で欠かせないマウスであり、2000 年の初めには年間あたり数百のトランスジェニックマウスが ES 細胞を用いて作られ、それらのトランスジェニックマウスを使って病気の原因遺伝子の解明がなされてきました。ES 細胞を用いる方法は、非常に短時間でしかも高効率にホモ接合体のトランスジェニックマウスを作ることができる画期的な方法です[112]。

　一方、マウス以外の動物では ES 細胞があまり樹立されておらず、それら

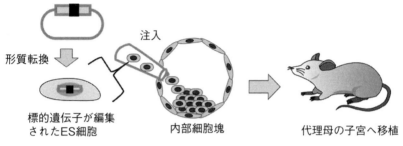

遺伝子操作した標的遺伝子

注入

形質転換

標的遺伝子が編集
されたES細胞

内部細胞塊

代理母の子宮へ移植

図9-5　ES細胞を利用したトランスジェニックマウスの作製法

の動物にはこの方法をうまく適用できません。そのため、トランスジェニック動物の作製は、CRISPR/Cas9が利用されるようになってきました[113]。CRISPR/Cas9を利用すると、(1) ES細胞を介せずに受精卵の遺伝子を直接改変できる、(2) 1〜2カ月という短期間で高効率にノックアウト動物を作製できる、(3) 同時に2カ所以上の遺伝子破壊をできるなどの優れた点があります。一方、CRISPR/Cas9に関しては、疾患の原因遺伝子を探る方法も考案されています。この方法では、すべての遺伝子に対するガイドRNA（sgRNA）を作製し、ウイルスベクターにより細胞に感染させてすべての遺伝子が変異したライブラリーを作製します。その後、その表現系を調べることで原因遺伝子を見つけ出します。

（2）　iPS細胞を用いた疾患モデルの作製と再生医療

　第7章でも述べましたが、京都大学の山中らは、ES細胞で特異的に発現している遺伝子（Oct3/4、Sox2、Klf4、c-Myc）をマウスの体細胞に組み込んで、ES細胞と同等の働きを有する「人工多能性幹細胞（iPS細胞）」を作りだしました（図9-6）。ヒトES細胞を取得するにはヒトの受精卵が必要であり、倫理的に問題があるため、医療には利用できません。これに対して、iPS細胞は体細胞から作るので倫理上の問題はなく、医療用の細胞として利用できます[114]。

　身体の機能低下した部位を新しい組織で置き換える医療を「再生医療」と

呼びます。iPS細胞は、身体のさまざまな組織の細胞に分化できることから再生医療への応用が期待されており、多くの病気を対象にした研究が臨床段階に入っています。最初の臨床研究は、理化学研究所が加齢黄斑変性の患者さんに対して行いました。皮膚の細胞からiPS細胞を作り、それを使って網膜色素上皮細胞のシートを作ります。そして、手術により新生血管と網膜色素上皮細胞を取り除いた患者さんにそのシートを埋め込んで治療します。京都大学では、iPS細胞を用いたパーキンソン病の治療に取り組んでいます。パーキンソン病は、ドーパミンを出す神経細胞が減少することで運動機能障害を起こす難病です。京都大学では、iPS細胞から誘導したドーパミン神経前駆細胞を直接脳内に移植して脳内のドーパミン量を増やすことを目的とした治療を2018年から開始しています。この他にも大阪大学ではiPS細胞を用いて心筋シートを作り、心不全の治療に使う試みが行われています。

　また、iPS細胞は疾患のモデル細胞の作製にも利用されています。iPS細胞に、疾患の原因遺伝子と同じ変異をゲノム編集により導入し、それを疾患を有する組織の細胞に分化させて疾患のモデル細胞を得ます（この他にも患者さん

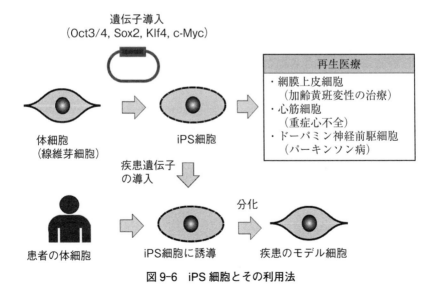

図9-6　iPS細胞とその利用法

の細胞から iPS 細胞を樹立して分化する方法もあります）。樹立した希少な疾患のモデル細胞は、病気の解明や医薬品の開発の手がかりになります。家族性自律神経失調症、下垂体疾患、川崎病など多くのモデル細胞がこの方法で樹立されています。

（3）　オルガノイド

　2000 年ごろから急速に発展してきた「オルガノイド」が近年注目されるようになり、再生医療は臓器の再生に主眼が置かれるようになってきました。オルガノイドとは、試験管内で3次元的に培養して作った数ミリ程度のミニ臓器で、分子的及び生理的に実際の組織と極めて類似している特徴があります。再生不可能と考えられてきた複雑な臓器のオルガノイドが作られつつあります[115]。

　例えば、複雑な構造を有する腎臓（図 9-7）、小腸、肝臓のオルガノイドが作られています。腸管幹細胞を用いて作られた腸管オルガノイドは実際の腸管に存在する多くの突出した中空ホールと同じ構造をした「ミニ腸」でした[116]。また、横浜市立大学では、iPS 細胞から分化した肝内胚葉細胞、血管内皮細胞、間葉系細胞を共培養することで、妊娠5週の胎児肝臓に似たミニ肝臓を作り出しました。

　一方、ES 細胞をさまざまなニューロン集団に分化していたグループは、偶然にさまざまニューロンを含む球状のもの、すなわち「ミニ脳」ができることを発見しました。また、2018 年には、UC ディヴィス校のグループが脳膜細胞の一部を内皮細胞に変換して、内皮細胞の入ったゲル状シートを用いて脳オルガノイドを作製しました。そのオルガノイドをマウスの脳に入れると毛細

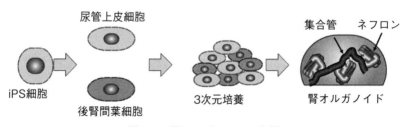

図 9-7　腎オルガノイドの作製

血管を形成することを見いだしました。さらに、2019年にはカリフォルニア大学の研究チームが、脳皮質の組織の脳オルガノイドを作りました。このオルガノイドに対して、微小電極アレイを使って脳神経回路の活動を測定したところ、4～6カ月経過するとミニ脳から脳波に似た発振を検出しました[117, 118]。このように、ミニ脳の作製は今後も急速な発展を遂げると考えられます。

（4）　細胞医薬

　ゲノム編集技術やiPS細胞、あるいはマルチスペシフィック抗体の開発により、化合物だけでなく細胞のシグナル伝達を自由自在にデザインできる時代になってきました。それにより、細胞を薬として使う「細胞医薬」のアイデアが注目されています（図9-8）。例えば、白血病に対するT細胞を用いたがん治療法の養子細胞免疫療法において、さまざまな治療法の開発が進められています。古くはT細胞やNK細胞を体外培養して患者に戻す方法が用いられており、腫瘍に浸潤するリンパ球を移植する療法が効果をあげてきました。このT細胞の効果を増強するために、TCR（がん抗原に対して特異的なT細胞の受容体）を遺伝子操作によりT細胞表面に発現させたTCR-T細胞が作られました。この細胞は、メラノーマや多発性骨髄腫の治療に効果があります。

　さらに、「CAR-T細胞療法」が考案されました[119]。CAR-T細胞は、標的のがん細胞と結合する抗体の認識領域、T細胞の活性化に不可欠な補助刺激受容体CD28の一部、T細胞レセプター複合体のCD3ζの細胞内にシグナルを伝える部分を融合したキメラ抗原受容体を、患者から取り出したT細胞表面に発現させたものです。CD19に対する抗体を有するCAR-T細胞が、B細胞性リンパ種や白血病の治療薬として2019年に日本でも承認されました。

　細胞療法は、CAR-T療法の成功をきっかけにさまざまな新しい方法が開発されています。例えば、神経肉腫の治療目的で、GD2をターゲットとするGD2-CAR-T細胞や免疫抑制能を持つCD28-CAR-Tregが作られました[120]。この他にも、キメラ抗原受容体が考案されており、Notch-Deltaシグナルを改変したsynNotch系が作られました。これはNotch受容体の細胞外ドメインを1本鎖抗体に置換し、細胞内ドメインを任意の転写因子に置換したものです。こ

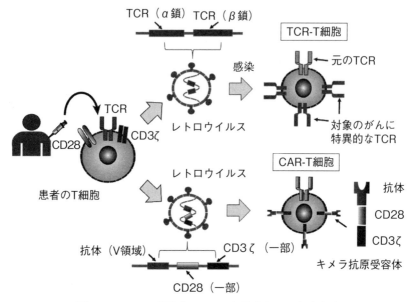

図 9-8　TCR-T 細胞と CAR-T 細胞を用いる免疫療法

のキメラ抗原受容体は、任意のリガンドを認識して任意の遺伝子を発現できる点で、汎用性が広いという長所があります。

　また、iPS 細胞を用いた細胞医薬の研究も進められています。患者ごとに iPS 細胞を作り、自家移植する方法はコストがかかりすぎるため、CRISPR/Cas9 を用いて、染色体の片側の HLA 遺伝子部分を選択的に除去した HLA 疑似ホモ接合体を作ることが検討されています。

　一方、微生物を細胞医薬として使う研究も行われており、乳酸菌、大腸菌、ビフィズス菌、ファージなどをデザインし、がんやその他の病気の治療に使おうとしています[121]。がん組織の中心部は、①血管が無秩序に走行して低酸素状態であること、②細胞増殖のための栄養素が豊富であること、③免疫機構が抑制されていることなど嫌気性細菌にとって住みやすい環境になっています。そのため、嫌気性細菌を腫瘍内に局注すれば細菌自身がドラッグデリバリーの役を果たし、がん組織に集まってきます。このような細胞療法を、がんバクテリア治療（BMCT）と言います。例えば、図 9-9 のようにフ

ラジェリンを過剰発現するように遺伝子改変した弱毒化サルモネラ菌を胆がん
モデルマウスに投与すれば、サルモネラ菌ががん組織に集まり、フラジェリン
の作用により腫瘍内の免疫活性を高めてくれます。この他にも、細胞溶解酵素
（Cytolysin A）を発現させたサルモネラ菌を投与した場合に、腫瘍細胞の細
胞死や増殖阻害が高まることが報告されています。また、環境応答性を付加す
ることで、その特異性を高めることも行われています。低酸素や放射線で発現
するプロモーターの HIP-1 や RecA などを用いて、ピンポイントでがん細胞
を攻撃する工夫もなされています。

　このように、治療に最適な機能を搭載した「デザイナー細胞」を利用する時
代に入ってきました。今後も、ゲノム編集技術の発展に伴い、より優れたデザ
イナー細胞が生み出されてくるでしょう。

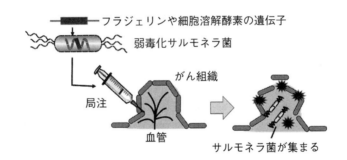

図 9-9　サルモネラ菌を使った BMCT

第 **10** 章
地球の未来を担うバイオテクノロジー

1. 次世代の食糧を考える

（1）　植物の遺伝子組換え

　植物の遺伝子組換えでは、アグロバクテリウム法とパーティクルガン法が主に用いられます。アグロバクテリウム（*Agrobacterium*）は植物病原菌であり、*A. tumefaciens* と *A. rhizogenes* は約 200kb の Ti プラスミドと Ri プラスミドをそれぞれ有します。これらのプラスミドは T-DNA 領域を使って植物の遺伝子に潜り込み、クラウンゴールや毛状根と呼ばれる腫瘍を形成します。この Ti プラスミドを利用して標的遺伝子を植物に組み込む方法が考案されてきました。Ti プラスミドは巨大プラスミドなので、そのままでは遺伝子組換えに使えません。そこで、植物への遺伝子組換えに必要な T-DNA 領域と vir 領域を含む最小限の大きさのベクターを用いる方法が開発されました。現在ではそれらを 2 つのベクターに分けて使う「バイナリーベクター系」が主流になっています[122]。

　バイナリーベクター系では、T-DNA を有する小型のベクターと vir 領域を有するベクターを使います。T-DNA を有する小型のベクターは大腸菌を使って組換え操作を行い、標的遺伝子を T-DNA のボーダー領域内に組み込みます。もうひとつの vir 領域を有するベクターは、T-DNA の機能を失わせてアグロバクテリウムに入れておき、そこに標的遺伝子の入った T-DNA を有するベクターを、エレクトロポレーション法などを用いて形質転換するこ

とで、植物への感染と発現が可能になります。図10-1にバイナリーベクター
pRI909DNA と pLA4404 の例を示します。この他にもヘルパー大腸菌を共存
させておき、接合伝達を利用してアグロバクテリウムに T-DNA を有するベ
クターを導入するトリペアレンタルメイティング法もあります。

　植物への組換えはリーフディスク法が主に用いられます。パンチを使って
葉を 1cm 程度に切り抜き、標的遺伝子を組み込んだアグロバクテリウムの培
養液に浸します。植物ホルモンを添加することで不定芽や不定胚分化が起こ
り、遺伝子が導入されます。

　一方、パーティクルガン法は、遺伝子を金の微粒子にコーティングして、
高圧の電子銃（パーティクルガン）で植物片に打ち込みます[123]。打ち込まれ
た遺伝子が植物に取り込まれたかどうかは GUS 遺伝子を同時に発現させ、青
色になるかどうかで判断します。アグロバクテリウムは双子葉植物に感染する
バクテリアであり、双子葉植物の遺伝子組換えに用いられてきました。プロト
プラスト（植物の細胞壁を溶かしたもの）にして共存培養すると単子葉植物の
組換えにも利用できますが、プロトプラストを作製して、それを個体に戻すに

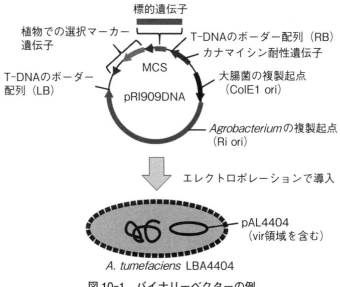

図 10-1　バイナリーベクターの例

は手間がかかります。これに対して、パーティクルガン法は、どんな植物にも
導入できるというメリットがありますが、遺伝子の導入効率ではアグロバクテ
リウム法に劣ります。

（2）　遺伝子組換え作物と遺伝子編集作物

　植物の遺伝子組換えが可能になり、遺伝子組換え作物が次々と商品化され
てきました。例えば、アワノメイガの幼虫はトウモロコシの茎の部分に入り込
んで食い荒らす害虫ですが、この昆虫に抵抗性がある遺伝子組換え作物が開発
されました。*Bacillus thuringiensis*（Bt 菌）は殺虫毒素タンパク質（δ-エン
ドトキシン）を作ります。アワノメイガが、δ-エンドトキシンの遺伝子を組
み込んだトウモロコシの茎を食べると、腸内で分解されて毒性を有するように
なり、中腸上皮細胞に作用してアワノメイガが死にます。この害虫抵抗性トウ
モロコシは、現在世界中で使われています。

　さらに、除草剤耐性の遺伝子組換え作物も開発されました[124]。除草剤のラ
ウンドアップの場合、その有効成分であるグリホサートは、アミノ酸の生合
成経路の初期過程で重要な 5-エノールピルビルシキミ酸 -3-リン酸合成酵素
（EPSPS）を阻害して芳香族アミノ酸の合成をできなくし、植物を枯らしま
す。これに対して除草剤耐性の遺伝子組換え作物は、グリホサートにより活性
を阻害されない *Agrobaterium* CP4 株由来の EPSPS 遺伝子、グリホサート
を分解するグリホサートオキシドレダクターゼ（GOX）遺伝子、あるいはグ
リホサート N-アセチルトランスフェラーゼ（GAT）遺伝子を組み込んでおり、
ラウンドアップで枯れることはありません。

　この他にも、トマトやパパイヤで遺伝子組換え作物が作られています[125]。
トマトは、日にちを置くとポリガラクツロナーゼが働き、皮が柔らかくなっ
てしまいます。そこで、ポリガラクツロナーゼのアンチセンス遺伝子を組み込
んだトマトが作られました。このトマトは、ポリガラクツロナーゼが働かない
ので日持ちがします。また、パパイヤではパパイヤリングスポットウイルス
（PRSV）が感染するとリングスポットを生じますが、PRSV の外皮タンパク
質の遺伝子を組み込むことで、PRSV ウイルスに感染しないパパイヤになって

（A）害虫抵抗性作物

（B）除草剤耐性作物

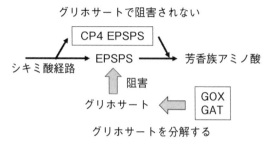

図 10-2　害虫抵抗性作物と除草剤耐性作物の作用機序

います。

　CRISPR/Cas9 技術の開発により、植物の育種にも CRISPR/Cas9 による遺伝子編集が利用されるようになってきました。一般的に CRISPR/Cas9 の植物への導入は Cas9 と sgRNA の遺伝子を有する発現ベクターをアグロバクテリウムに導入し、リーフディスクに感染させて、カルスを誘導して植物体を得る方法が用いられます[126]。また、それ以外にも植物が成長している状態の成長点に形質転換し、植物に内在している性質を利用して植物体を分化させる方法（in planta 法）や受精卵に導入してカルスを作る方法なども利用されています。

　このような植物の遺伝子編集技術の発展により、多くの遺伝子編集作物が作り出されています。例えば、GABA は心のやすらぎ効果が期待されている化合物で、トマトに多く含まれます。GABA の合成経路で最も重要なグルタミン酸脱炭酸酵素（GAD）の自己阻害ドメインを、CRISPR/Cas9 を用いて遺伝子編集した作物が作られました[127]。得られた品種は GABA の合成活性が上昇し、GABA の含有量が増えていました。また、ダイズやセイヨウナタネで FAD2 遺伝子をターゲットとして、TALEN や CRISPR/Cas9 により高

濃度にオレイン酸を含有する変異株が作出されました[128]。このほかにも、ゲノム編集を用いてイネの収量を上げる試みなど、多岐にわたる遺伝子編集作物が生み出され始めています。

（3） 食糧危機と栄養失調に有効な遺伝子組換え作物

　世界では、発展途上国を中心に毎年 67 万人の子供が5歳までに死亡しています。栄養失調やそれに伴う病気で命を落とすケースがほとんどで、多くの場合ビタミン欠乏症の状態になっているためと考えられます[129]。もし、穀物や果物のビタミンや栄養価を遺伝子組換えにより高めることができれば、多くの子供たちを救えるはずです。このような考えに基づいて、栄養素を高める遺伝子組換え作物の研究が進められてきました[130]。

　例えば、発展途上国のビタミン欠乏症の中でも、ビタミン A が特に欠乏していることから、ビタミン A 合成の前駆体であるβ- カロテンの合成が高まるように遺伝子組換えした作物が作られてきました。最初に登場したゴールデンライス[131] は、イネの可食部でβ- カロテンを高めた遺伝子組換え作物で、それを食べることによりビタミン A の不足を補うことができます。また、スペインとドイツの研究チームは、βカロテン以外にビタミン C と葉酸が強化された遺伝子組換えトウモロコシを開発しました。この組換えトウモロコシは、通常のトウモロコシと比較してβカロテンが 169 倍、ビタミン C が 6 倍、葉酸が2倍の含有量でした。この他にも、バナナを主要作物にする国々が多いことから、バナナを使った方が現実的であるという考えに基づいて、β- カロテンの含有量を増加させたバナナも作られました。最近では、遺伝子編集を用いてβ- カロテンの蓄積を高める試みもなされており、最新の遺伝子編集技術である Target-AID を利用してトマトの複数の遺伝子の塩基を同時に編集し、β- カロテンを増加することに成功しています[132]。

　栄養不足だけでなく、発展途上国ではワクチンの不足から小児麻痺、破傷風、結核などの病気により年間 200 万人が死亡しています。この問題に対して、遺伝子組換えにより抗原タンパク質を組み込んだ作物を食べれば、免疫を獲得できるのではないかと考えられました[133, 134]。このような組換え作物を

「食べるワクチン」と呼びます。遺伝子組換えにより急性胃腸炎のウイルスの抗原を可食部に作るようにしたじゃがいもは、それを生で食べると免疫反応を惹起することがわかりました。また、アメリカのコーネル大学では、B 型肝炎ウイルスや病原性大腸菌の抗原が含まれるバナナやポテトを試作しています。しかし残念ながら、食べると抗原は消化されるのでワクチンとして十分な効果を得るのは難しいようです。

　WHO の予測では、環境はますます悪化して、医薬品の不足は深刻化します。過酷な環境や病気に耐える作物や、栄養やワクチンを補給する作物は今後不可欠なものになってくるはずです。

2.　地球にやさしいバイオテクノロジー

（1）　環境汚染の現状

　世界では、およそ 1 億 5,000 万人の人が深刻な食糧不足に陥っています。その 60％以上は内戦が続く国々ですが、今後は内戦だけでなく、中国とアメリカの対立による世界情勢の不安、地球の深刻な温暖化とそれに伴う異常気象、コロナのようなパンデミックの出現など、私たちに多くの難題がのしかかり、食糧不足も今以上に深刻なものになるでしょう。さらに、地球は水資源に富んでいますが、飲み水として利用できる水資源は全体の 0.01％にすぎません。人類はその少ない水資源を分けあって恩恵を受けてきましたが、その水資源も危機的状況であり、2007 年に国連は、30 ～ 40 カ国で 6.6 億の人が深刻な水不足の状態になっている上に、180 万人の子供が水の汚染により死亡していることを報告しています。2025 年には全世界の 60％の人が深刻な水不足になるとの予想もあります[135]。

　飲料水の不足の原因は、河川水の過剰な利用です。工業生産で水が大量消費されたことや、農地のための大規模な灌漑を行ってきたことが水不足の大きな要因になっています。特にナイル川やインダス川のように多くの国々にまたがる河川では、その下流域の国々は、上流域の国々の過剰な使用により深刻な水不足が生じています。量だけでなく水質低下も深刻です。発展途上国では工

場廃水や生活排水を処理せずに河川に流し込んでおり、それが原因で飲料水として使えない状態に陥っています。また、過剰な肥料や農薬あるいは有害な化学物質、冶金工場から排出される重金属により、土壌や地下水の汚染は深刻化しており、農地として使用できない土地も増加し続けています。さらに、井戸水に頼らざるをえない地域では、井戸をより深く掘って飲料水に使用していますが、それらの水にはフッ素やヒ素を含んでおり、それを飲むことで重篤な病気を引き起こしています [136]。地球環境を汚染し続ける化合物や物質の例を表10-1に示します。

表 10-1　地球環境を汚染する化合物や物質

汚染源	主成分	汚染場所	汚染による被害
酸性雨	SOx, NOx	都市部	水性生物の死亡
殺虫剤	POPs（BHC, DDT）	農地	農作物と飲料水汚染
	OPPs（ダイアジノン）	農地	農作物と飲料水汚染
除草剤	アトラジン, シマジン	水田	農作物と飲料水汚染
肥料	硝酸態窒素	農地	農作物と飲料水汚染
メタロイド	As	地下水	飲料水汚染
重金属	Pb, Cd, Hg, Cr	鉱業地域	農作物と飲料水汚染

（2）　農薬のバイオレメディエーション

　土壌や地下水を汚染する農薬としては、DDT や BHC のような残留性有機汚染物質（POPs）が問題視されてきましたが、ストックホルムで開かれた会議により、これら POPs の使用はマラリアを媒介する蚊を殺す目的以外は禁止されました。その後、有機リン系殺虫剤（OPPs）やトリアジン系除草剤が開発されて現在も使用されています。これらの農薬は残留性が比較的低いのですが、環境ホルモンとしての作用があることがわかっており、EU では使用量や飲料水への混入について厳しい制限が課せられています。しかし、アジア、アフリカ、南米などの発展途上国では、現在もこれらの農薬が過剰に使われており、それだけでなくストックホルム会議前に作られた大量の POPs も未だに使用されて、土壌や地下水を汚染し続けています [137]。

　このような状況から、農薬を分解あるいは除去して土壌を修復することが求められています。微生物を利用して土壌の修復を行うことを、「バイオレメディエーション」といいます。バイオレメディエーションには、汚染場所から土を回収して処理を施す*ex situ*バイオレメディエーションと汚染場所で処理を行う*in situ*バイオレメディエーション（原位置処理法）があり、後者には土壌に酸素や栄養素を投与して土壌に存在する微生物を活性化して修復する方法と、そこに分解菌を投入して修復する方法があります。トリアジン系除草剤や有機リン系殺虫剤を分解する能力の優れた多くの微生物が見いだされると同時に、その分解経路が解明され、分解に関与する多くの微生物由来の遺伝子もクローニングされました。これにより分解能力の高い組換え微生物が数多く生み出されています[138]。また、最近ではメタゲノムによる優れた活性を有する酵素を見つけ出す試みや、ファージディスプレイを使って表面に酵素を提示する試みなども行われています[139]。現在は遺伝子組換え微生物の環境修復への使用は厳しく規制されており、せっかく優れた分解能力があるにもかかわらずほとんど使用されていません。ただし、汚染がさらに深刻化すると、今後は規制が緩和される時代が来る可能性は高いと思われます。

　また、地球規模の汚染に対してバイオレメディエーションを利用するには、微生物の分解能力だけでなく、長期間分解菌の活性を保つことができ、操作性の優れたプロセスを開発する必要もあります[140]。BSISプロセスなどの方法が提案されていますが、今後の更なる発展が期待されます。

（3）　重金属のバイオレメディエーション

　農薬だけでなく重金属の汚染も深刻化しています。いくつかの重金属やメタロイドによる汚染は科学の発展に伴って増えてきました[141]。例えば、ヒ素（As）による汚染は1980年代まではほとんどありませんでしたが、携帯電話、パソコンなどにGa-AsやSe-As半導体が使われるようになり、ヒ素を生産する工場や半導体廃棄物から漏れ出たヒ素により土壌や地下水が汚染されました。タイ、インド、中国の地下水から高濃度のヒ素が検出されています。また、ヒ素を高濃度に含む石炭もあり、例えば中国の貴州で使われる石炭には

100 〜 9,600ppm のヒ素と高濃度のフッ素が含まれています。1997 年の中国保健省は　2,000 万人がフッ素症を発症していることを報告しています。また、鉛、カドミウム、水銀も深刻な土壌汚染を引き起こしています。鉛は車の鉛蓄電池に使用され、カドミウムは Li-Cd 電池に使用されることで急激に生産量が増加しました。それらの生産工場から排気されたり、土壌に置かれた使用済みのバッテリーから漏れ出すことにより、鉛やカドミウムの土壌汚染が引き起こされています。水銀は使用が控えられるようになっていますが、体温計など多くの機器に水銀が用いられた時代があり、その廃棄物による汚染が今も残っています。

　重金属汚染の修復に対しても、微生物によるバイオレメディエーションが試みられてきました [142, 143]。これは、重金属をメタロチオネインに吸着させて除去する試みであり、吸着に優れた多くの微生物が見つけ出され、遺伝子組換えによりメタロチオネインの改良も行われています。河川水の重金属の除去は活性炭などの吸着材やイオン交換樹脂でも可能ですが、これらの微生物を固定化したバイオリアクターも、今後それに劣らぬ方法になるかもしれません。

　植物を使って環境修復を行うことを「ファイトレメディエーション」と言います。土壌中の重金属イオンの回収に微生物を用いると、重金属イオンを吸着した微生物を回収することが非常に難しいという問題点があります。しかし、植物であれば根から重金属を吸い取った後、その植物を取り除けばよいのでとても容易です。ファイトレメディエーション能力の高い植物を「ハイパーメディエーター」と呼び、いくつかのハイパーメディエーターが見つかってきました [144]。例えば、マレーシアの Sabah 公園で見つかった木は土壌に含まれるニッケルを除去する働きがあり、樹液に 20% ものニッケルを含んでいました。それ以外にも、多くの重金属を蓄積する組換え植物が開発されてきました [145]。現在は、電場をかける方法や根粒菌のような微生物と植物を組合わせる方法も提案されており、その効率化が進められています。

（4）　バイオエネルギーの今後

　地球の温暖化は深刻化の一途を辿っています。2017 年の環境省の報告によれば、2000 年までの 132 年間に 0.85℃の気温上昇があり、それ以降も上昇速度は増加傾向にあります[146]。海水面と海水温度が上昇すれば、世界各国が異常気象に見まわれることが予想されています。近年日本でも猛暑や異常気象により、甚大な被害を受けることが急速に増えてきました。このままいけば、50 年後の地球の異常気象が人類にとってどれほど脅威であるかは、容易に想像がつきます。このような背景から、世界は「脱炭素社会」つまり、地球温暖化の原因となる「温室効果ガス」の実質的な排出量ゼロを実現する取り組みを始めています。

　脱炭素社会を実現するための方策として電気自動車が考えられていますが、そのためには石油や石炭などの化石燃料に頼らずに、電気を安価で大量に作る必要があります。微生物燃料電池はその名の通り微生物により作る燃料電池で、微生物の生化学反応により放出される電子を利用する発電です[147, 148]。廃水を同時に浄化しながら発電するので、安価で環境に優しい発電を実現でき、最大 420 〜 460 mW/m^2 の範囲の電力密度を実現できます。微生物燃料電池は材料費と廃水緩衝能力の低さのために本格的な適用はできておらず、実証段階に留まっていますが、今後遺伝子組換えによる人工タンパク質を用いることが許可されれば、発電効率は格段にあがる可能性があり、太陽光発電に匹敵する発電方法のひとつになるかもしれません。

　一方、私たちは石油を分留して得られるさまざまな成分を化学製品の合成に利用しており、石油に頼らない社会を実現するには、それに変わる仕組みが必要になります。1973 年のオイルショックをきっかけに、原油の成分を化学合成に置き換える「C1 化学」という考えが生まれました。C1 化学は有機化合物の合成経路をメタンやメタノールなどの炭素鎖が 1 個の化合物からスタートしようというものです。その後、C1 化学は下火になりましたが、本当の意味での脱炭素社会の実現には、バイオ原料を利用する C1 化学（図 10-3）への置き換えが必要になってきます。

　オイルショックの時代は遺伝子組換え技術がなく、微生物によるメタノー

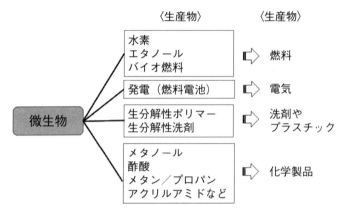

図 10-3　微生物が築く持続可能な社会

ルやメタン、あるいはアセトンの生産能力が非常に低いために、バイオ原料を
利用する C1 化学はとても実現できるレベルにはありませんでした。しかし現
在では、メタゲノムによる遺伝子の探索や進化分子工学により、遺伝子レベル
での改良も進められており、当時とは比べものにならないほど生産力が向上し
ています[149, 150]。まだ当分の間は、現在のバイオの実力をもってしても C1 化
学の実現は難しいかもしれませんが、本当の意味での脱炭素社会に向けて、バ
イオ原料を使用する C1 化学が実現する日が来ることを期待しています。

　以上述べてきたように、地球はまさに瀕死の状態を迎えようとしており、
世界は力を合わせてそれを救う必要があります。そのためには、バイオテクノ
ロジーの研究者が担うべき役割は大きいと思います。これからバイオテクノロ
ジーの世界を志すみなさんの活躍を期待しています。

参 考 文 献

1) 第 13 回 日本細菌学会技術講習会テキスト「細菌の新しい系統分類と同定方法」日本細菌
学誌 1994; 49: 793-797.

2) Pfennig N. Photosynthetic Bacteria. Annual Review of Microbiology 1967; 21: 285-324.

3) Lechevalier HA, Lechevalie MP. Biology of Actinomycetes. Annual Review of Microbiology 1967; 21: 71-100.

4) 古賀洋介著「古細菌」東京大学出版会（1998）

5) Embree JE, Embil JA. Mycoplasmas in Diseases of Humans. Canadian Medical Association Journal 1980; 123: 105-111.

6) 松下陽介「ウイロイド—起源・伝播・進化について」化学と生物 2016; 54: 170-175.

7) Terry C, Wadsworth JDF. Recent Advances in Understanding Mammalian Prion Structure: A Mini Review. Frontier in Molecular Neuroscience 2019, 09.

8) Friedman JR, Nunnari J. Mitochondrial Form and Function. Nature. 2014; 505: 335-343.

9) Yilmaz C, Gökmen V. Chlorophyll. Encyclopedia of Food and Health 2016: 37-41.

10) Schwarz DS, Blower MD. The Endoplasmic Reticulum: Structure, Function and Response to Cellular Signaling. Cellular and Molecular Life Sciences 2016; 73: 79-94.

11) Liu J et al. The Role of the Golgi Apparatus in Disease (Review). International Journal of Molecular Medicine 2021; 47: 38.

12) Bonam SR et al. Lysosomes as a Therapeutic Target. Nature Reviews Drug Discovery 2019; 18: 923-948.

13) Tan X et al. A Review of Plant Vacuoles: Formation, Located Proteins, and Functions Plants (Basel). 2019; 8: 327.

14) Bannister AJ, Kouzarides T. Regulation of Chromatin by Histone Modifications. Cell Research 2011; 21: 381-395.

15) Kaguni JM. Replication Initiation at the *Escherichia coli* Chromosomal Origin. Current Opinion in Chemical Biology 2011; 15: 606-613.

16) Wendel BM et al. Completion of DNA Replication in *Escherichia coli*. PNAS 2014; 111: 16454-16459.

17) NSL 遺伝子研究室「DNA 複製の分子機構」
http://nsgene-lab.jp/dna_structure/replication-mechanism/

18) Wei J-W *et al.* Non-coding RNAs as Regulators in Epigenetics (Review). Oncology Reports 2017; 37: 3-9.

19) Zhang P *et al.* Non-Coding RNAs and Their Integrated Networks. Journal of Integrative Bioinformatics 2019; 16: 20190027.

20) Weinberg CE *et al.* Novel Ribozymes: Discovery, Catalytic Mechanisms, and the Quest to Understand Biological Function. Nucleic Acids Research 2019; 47: 9480-9494.

21) Karki G. Transcription in Prokaryotes. Online Biology 2017; June 21.

22) Venters BJ, Pugh BF. How Eukaryotic Genes Are Transcribed. Critical Reviews in Biochemistry and Molecular Biology 2009; 44: 117-141.

23) Lorch Y, Kornberg RD. Chromatin-Remodeling for Transcription. Quarterly Reviews of Biophysics 2017; 50: e5.

24) Reiter F. Combinatorial Function of Transcription Factors and Cofactors. Current Opinion in Genetics & Development 2017; 43: 73-81.

25) Jin B, Robertson KD. DNA Methyltransferases (DNMTs), DNA Damage Repair, and Cancer. Advances in Experimental Medicine and Biology 2013; 754: 3-29.

26) Kahn Academy. Overview: Gene regulation in bacteria. Khan Academy.

27) Osbourn AE, Field B. Operons. Cellular and Molecular Life Sciences 2009; 66: 3755-3775.

28) Struhl K. Helix-turn-helix, Zinc-finger, and Leucine-zipper Motifs for Eukaryotic Transcriptional Regulatory Proteins. Trends in Biochemical Sciences 1989; 14: 137-140.

29) Raina M, Ibba M. tRNAs as Regulators of Biological Processes. Frontiers in Genetics 2014; 5: 171.

30) Ibba M, Söll D. Aminoacyl-tRNA Synthesis. Annual Review of Biochemistry 2000; 69: 617-650.

31) Ramakrishnan V. Ribosome Structure and the Mechanism of Translation. Cell 2002; 108: 557-572.

32) Kapp LD, Lorsch JR. The Molecular Mechanics of Eukaryotic Translation. Annual Review of Biochemistry 2004; 73: 657-704.

33) Kauzmann W. The Three Dimensional Structures of Proteins. Biophysical Journal 1964; 4: 43-45.

34) Csala M *et al.* Transport and Transporters in the Endoplasmic Reticulum. Biochimica et Biophysica Acta Biomembranes 2007; 1768: 1325-1341.

35) Horwich LA, Fenton WA. Chaperonin-Assisted Protein Folding: a Chronologue. Quarterly Reviews of Biophysics 2020; 53: e4.

36) 塩田 正之，田中 昌子「HSP70 ファミリーの新たな機能」日薬理誌 2014；143：310-312.

37) Fukuta K *et al*. Structural Control of Sugar Chains in Animal Cells. Trends in Glycoscience and Glycotechnology 2001: 13; 395-405.

38) Lu J *et al*. Types of Nuclear Localization Signals and Mechanisms of Protein Import into the Nucleus. Cell Communication and Signaling 2021; 19: 60.

39) ゴンパーツ BD 他著（上代淑人，佐藤孝哉監訳）「シグナル伝達」MEDSi 出版（2011）

40) 服部成介著「シグナル伝達入門」羊土社（2013）

41) 田村隆明編「キーワードで理解する転写イラストマップ」羊土社（2008）

42) Wu L-G *et al*. Exocytosis and Endocytosis: Modes, Functions, and Coupling Mechanisms. Annual Review of Physiology 2014; 76: 301-331.

43) Dai J *et al*. Exosomes: Key Players in Cancer and Potential Therapeutic Strategy. Signal Transduction and Targeted Therapy 2020; 5: 145.

44) 中瀬生彦「エクソソームを用いた標的指向 DDS」ファルマシア 2018: 5: 26-30.

45) Lecker SH *et al*. Protein Degradation by the Ubiquitin-Proteasome Pathway in Normal and Disease States. JASN 2006; 17: 1807-1819.

46) 大岡伸通.「プロテインノックダウン法による新しい創薬技術の開発に関する研究」薬学雑誌 2018; 138: 1135-1143.

47) Lin P-W *et al*. Autophagy and Metabolism. KJMS 2021; 37: 12-19.

48) Chen G *et al*. Mitophagy: An Emerging Role in Aging and Age-Associated Diseases. Frontier in Cell and Developmental Biology 2020; 8: 200.

49) D'Arcy MS. Cell Death: A Review of the Major Forms of Apoptosis, Necrosis and Autophagy. Cell Biology International 2019; 43: 582-592.

50) McIlwain DR *et al*. Caspase Functions in Cell Death and Disease. Cold Spring Harbor Perspectives in Biology 2013; 5: a008656

51) Masters JR *et al*. Short Tandem Repeat Profiling Provides an International Reference Standard for Human Cell Lines. Proc Natl Acad Sci U S A 2001; 98: 8012-8017.

52) Evans MJ, Kaufman MH. Establishment in Culture of Pluripotential Cells from Mouse Embryos. Nature 1981; 292: 154-156.

53) Takahashi K, Yamanaka S. Induction of pluripotent stem cells from mouse embryonic and adult fibroblast cultures by defined factors. Cell 2006; 126: 663-676.

54) Shiomi N, Ako M. Biodegradation of Melamine and Cyanuric Acid by a Newly-Isolated Microbacterium Strain. Advances in Microbiology 2012; 2: 303-309.

55) 関口幸恵「MALDI-TOF MS による微生物同定の現状と活用にあたっての留意点」腸内細菌学雑誌 2005; 29: 169-176.

56） 千畑一郎「固定化酵素と固定化微生物の利用」有機合成化学 1976; 32: 286-297.

57） Jill Herschleb J *et al*. Pulsed-field Gel Electrophoresis. Nature Protocols 2007; 2: 677 -684.

58） Śpibida M *et al*. Modified DNA Polymerases for PCR Troubleshooting. Journal of Applied Genetics 2017; 58: 133-142.

59） Jozefczuk J, Adjaye J. Quantitative Real-time PCR-based Analysis of Gene Expression. Methods Enzymol 2011; 500: 99-109.

60） Kasianowicz JJ *et al*. Characterization of Individual Polynucleotide Molecules Using a Membrane Channel. PNAS 1996; 93: 13770-13773.

61） Clarke J *et al*. Continuous Base Identification for Single-Molecule Nanopore DNA Sequencing. Nature Nanotechnology 2009; 4: 265-270.

62） Hong M *et al*. RNA Sequencing: New Technologies and Applications in Cancer Research. Journal of Hematology & Oncology 2020; 13: 166.

63） Houen G. Peptide Antibodies: Past, Present, and Future. Methods in Molecular Biology 2015; 1348: 1-6.

64） オリンパス ライフサイエンス "特集：裾野が広がる共焦点顕微鏡 — 共焦点顕微鏡の概要" https://www.olympus-lifescience.com/ja/support/learn/06/023/

65） Tsien RY. The Green Fluorescent Protein. Annual Review of Biochemistry 1998; 67: 509-544.

66） Liptáki N *et al*. GFP Transgenic Animals in Biomedical Research: A Review of Potential Disadvantages. Physiological Research 2019; 68: 525-530.

67） Stephani DG, Kruti RP. Enzyme Immunoassay and Enzyme-Linked Immunosorbent Assay. Journal of Investigative Dermatology 2013; 133, e12.

68） Gupta V *et al*. Production of Recombinant Pharmaceutical Proteins. Basic and Applied Aspects of Biotechnology. in Basic and Applied Aspects of Biotechnology pp 77-101（2016）

69） Khan S *et al*. Role of Recombinant DNA Technology to Improve Life. International Journal of Genomics 2016; 2016: 2405954.

70） 農林水産省ホームページ；生物多様性と遺伝子組換え "カルタヘナ法とは" https://www.maff.go.jp/j/syouan/nouan/carta/about/

71） Daniel HK, Rossi JJ. RNAi Mechanisms and Applications. Biotechniques 2008; 44: 613-616.

72） Gao X, Zhang P. Transgenic RNA Interface in Mice. Physiology 2007; 22, 161-166.

73） Xu Y, Li Z. CRISPR-Cas Systems: Overview, Innovations and Applications in Human Disease Research and Gene Therapy. Computational and Structural

Biotechnology Journal 2020; 18: 2401-2415.

74) Winston XY *et al.* Functionally Diverse Type V CRISPR-Cas systems. Science 2019: 363, 88-91.

75) Morisaka H *et al.* CRISPR-Cas3 Induces Broad and Unidirectional Genome Editing in Human Cells. Nature Communications 2019; 10, 5302.

76) Brezgin S *et al.* Dead Cas Systems: Types, Principles, and Applications. International Journal of Molecular Sciences 2019; 20: 6041.

77) Nishida K *et al.* Targeted Nucleotide Editing using Hybrid Prokaryotic and Vertebrate Adaptive Immune Systems. Science 2016: 353: aaf8729.

78) Rees HA, Liu DR. Base Editing: Precision Chemistry on the Genome and Transcriptome of Living Cells. Nature Review Genetics 2018; 19: 770-788.

79) Rosano GL, Ceccarelli EA. Recombinant Protein Expression in *Escherichia coli*: Advances and Challenges. Frontiers in Microbiology 2014; 5: 172.

80) Freud R. Signal Peptides for Recombinant Protein Secretion in Bacterial Expression Systems. Microbial Cell Factories 2018; 17: 52.

81) Mizukami M *et al. Brevibacillus* Expression System: Host-Vector System for Efficient Production of Secretory Proteins. Current Pharmaceutical Biotechnology 2010; 11: 251-258.

82) Karbalaei M *et al. Pichia pastoris*: A Highly Successful Expression System for Optimal Synthesis of Heterologous Proteins. Journal of Cellular Physiology 2020; 235: 5867-5881.

83) Felberbaum RS. The Baculovirus Expression Vector System: A Commercial Manufacturing Platform for Viral Vaccines and Gene Therapy Vectors. Biotechnology Journal 2015; 10: 702-714.

84) K. Terpe K. Overview of Tag Protein Fusions: from Molecular and Biochemical Fundamentals to Commercial Systems. Applied Microbiology and Biotechnology 2003; 60: 523-533.

85) Yvonne JK, Cottage A. Bioinformatics Methods to Predict Protein Structure and Function. A Practical Approach Molecular Biotechnology 2003; 23: 139-166.

86) Young J *et al.* Improved Protein Structure Prediction using Predicted Interresidue Orientations. PNAS 2020; 117: 1496-1503.

87) Shiomi N. Introductory Chapter: Artificial Enzyme Produced by Direct Evolution Technology. In: Current Topics in Biochemical Engineering pp1-10 (2019).

88) Shao W *et al.* Development and Use of a Novel Random Mutagenesis Method: In Situ Error-Prone PCR (is-epPCR). Methods in Molecular Biology 2017; 1498: 497-506.

89) Stemmer WP. DNA Shuffling by Random Fragmentation and Reassembly: *in vitro* Recombination for Molecular Evolution. PNAS 1994; 91: 10747-10751.

90) Zhao H. Molecular Evolution by Staggered Extension Process (StEP) *in vitro* Recombination. Nature Biotechnology 1998; 16: 258-261.

91) Biyani M. Evolutionary Molecular Engineering to Efficiently Direct *in vitro* Protein Synthesis.in Cell-Free Proteins Synthesis pp.551-562 (2012).

92) 藤井聡志他「人工細胞を使って膜タンパク質を「進化」させる技術の開発」生物物理 2014; 54: 146-149.

93) Bazan J *et al*. Phage Display-A Phage Display ― A Powerful Technique for Immunotherapy. Human Vaccines & Immunotherapeutics 2012; 8: 1817-1828.

94) Bashir Y *et al*. Metagenomics: An Application Based Perspective. Chinese Journal of Biology 2014; 146030.

95) Bornscheuer UT *et al*. Engineering the Third Wave of Biocatalysis. Nature 2012; 485: 185-194.

96) Röthlisberger D *et al*. Kemp Elimination Catalysts by Computational Enzyme Design. Nature 2008; 453: 190-195.

97) Gibson DG *et al*. Creation of a Bacterial Cell Controlled by a Chemically Synthesized Genome. Science 2010; 329: 52-56.

98) Hutchison CA *et al*. Design and Synthesis of a Minimal Bacterial Genome. Science 2016; 351: 6280.

99) Noireaux V *et al*. Development of an Artificial Cell, from Self-Organization to Computation and Self-Reproduction. PNAS 2011; 108: 3473-3480.

100) Emilien G *et al*. Impact of Genomics on Drug Discovery and Clinical Medicine. QJM: An International Journal of Medicine 2000; 93: 391-423.

101) Jonathan J *et al*. Genomics Drugs in Clinical Trials. Nature Reviews Drug Discovery 2010; 9: 988.

102) Potaczek DP *et al*. Antisense Molecules: A New Class of Drugs. The Journal of Allergy and Clinical Immunology 2016; 137: 1334-1346,

103) Hu B *et al*. Therapeutic siRNA: State of the Art. Signal Transduction and Targeted Therapy 2020; 5: 101.

104) Shuaijian Ni *et al*. Recent Progress in Aptamer Discoveries and Modifications for Therapeutic Applications. Appl Mater Interfaces 2021; 13: 9500-9519.

105) Xiong H *et al*. Recent Advances in Oligonucleotide Therapeutics in Oncology. International Journal of Molecular Sciences 2021; 22, 3295.

106) 森下竜一「進化するデコイ型核酸医薬」MEDCHEM NEWS 2012; No.3: 28-33.

107) Anand P, Stahel VP. The Safety of Covid-19 mRNA Vaccines: a Review. Patient Safety in Surgery 2021; 15: 20.

108) Ledsgaard L *et al.* Basics of Antibody Phage Display Technology. Toxins (Basel) 2018; 10: 236.

109) Khongorzul P *et al.* Antibody-Drug Conjugates: A Comprehensive Review. Molecular Cancer Research 2020; 18: 3-19.

110) 設楽研也「次世代抗体としてのポリジェント抗体」薬学雑誌 2009; 129: 3-9.

111) Deshaie RJ. Multispecific Drugs Herald a New Era of Biopharmaceutical Innovation. Nature 2020; 580: 329-338.

112) Bouabe H, Okkenhaug K. Gene Targeting in Mice: A Review. Methods in Molecular Biology 2013; 1064: 315-336.

113) JIN L-F, LI J-S. Generation of Genetically Modified Mice using CRISPR/Cas9 and Haploid Embryonic Stem Cell Systems. Dongwuxue Yanjiu. 2016; 37: 205-213.

114) Karagiannis P *et al.* Induced Pluripotent Stem Cells and Their Use in Human Models of Disease and Development. Physiological Reviews 2019; 99: 79-114.

115) Kim J *et al.* Human Organoids: Model Systems for Human Biology and Medicine. Nature Reviews Molecular Cell Biology 2020; 21: 571-584.

116) Ray K. Next-Generation Intestinal Organoids. Nature Reviews Gastroenterology & Hepatology 2020; 17: 649.

117) Chiaradia I, Lancaster MA. Brain Organoids for the Study of Human Neurobiology at the Interface of *in vitro and in vivo*. Nature Neuroscience 2020; 23: 1496-1508.

118) Qian X *et al.* Brain Organoids: Advances, Applications and Challenges. Development 2019; 146: dev166074.

119) Huang R *et al.* Recent advances in CAR-T cell engineering. Journal of Hematology & Oncology 2020; 13: 86.

120) Sujjitjoon J *et al.* GD2-Specific Chimeric Antigen Receptor-Modified T Cells Targeting Retinoblastoma-Assessing Tumor and T Cell Interaction. Translation Oncology 2021; 14: 100971.

121) 野村祥子他「がん治療用デザイン細菌開発の動向と展望」実験医学 2020; 38: 200-206.

122) 礒原豊司雄. 鎌田博「アグ ロバクテ リウム感染系：Ti プラスミド, Ri プラスミドを用いて」化学と生物 1991; 29: 659-655.

123) 森川弘道他"パーティクルガンによる植物細胞の形質転換"化学と生物 199028: 682-688.

124) Green JM, and Owen MDK. Herbicide-Resistant Crops: Utilities and Limitations for Herbicide-Resistant Weed Management. Journal of Agricultural Food chemistry

2011; 59: 5819-5829.

125) Paduchuri P *et al*. Transgeic Tomatoes-A Review. International Journal of Advanced Biotechnology and Research 2010; 1: 69-72.

126) Jaganathan D. *et al*. CRISPR for Crop Improvement: An Update Review. Frontiers in Plant Sciences 2018; 17: 985.

127) Nonaka S *et al*. Efficient Increase of γ-Aminobutyric Acid (GABA) Content in Tomato Fruits by Targeted Mutagenesis. Scientific Reports 2017; 7: 7057.

128) Amin N *et al*. CRISPR-Cas9 Mediated Targeted Disruption of FAD2-2 Microsomal Omega-6 Desaturase in Soybean (Glycine max.L) BMC Biotechnology 2019; 19: 9.

129) World Health Organization. Malnutrition Is a World Health Crisis.
https://www.who.int/news/item/26-09-2019-malnutrition-is-a-world-health-crisis

130) Jiang L *et al*. Manipulation of Metabolic Pathways to Develop Vitamin-Enriched Crops for Human Health. Frontiers in Plant Sciences 2017; 8: 937.

131) Beyer P *et al*. Golden Rice: Introducing the Beta-Carotene Biosynthesis Pathway into Rice Endosperm by Genetic Engineering to Defeat Vitamin A Deficiency. Journal of Nutrition 2002; 132: 506S-510S.

132) Hunziker J *et al*. Multiple Gene Substitution by Target-AID Base-Editing Technology in Tomato. Scientific Reports 2020; 10: 20471.

133) Mei H *et al*. Research Advances on Transgenic Plant Vaccines. Acta Genetica Sinica 2006; 33: 285-293.

134) Lugade AA *et al*. Transgenic Plant-Based Oral Vaccines. A Journal of Molecular and Cellular Immunology 2010; 39: 468-482.

135) Reports of United Nations. Water scarcity.
http://www.un.org/waterforlifedecade/scarcitys.html.

136) Qiu J. China Faces up to Groundwater Crisis. Nature 2010; 466: 308.

137) World Health Organization. Children Face High Risks from Pesticide Poisoning. Joint Note for the Media WHO/FAO/UNEP.
http//:www.who.int/mediacentre/news/notes/2004/np19/en/

138) Huijun He H *et al*. A Review on Recent Treatment Technology for Herbicide Atrazine in Contaminated Environment. International Journal of Environmental Research and Public Health 2019; 16: 5129.

139) Thakur M *et al*. Enzymatic Bioremediation of Organophosphate Compounds— Progress and Remaining Challenges. Frontiers in Bioengineering and Biotechnology 2019; 7: 289.

140) Shiomi N. A Novel Bioremediation Method for Shallow Layers of Soil Polluted by

Pesticides. In Applied Bioremediation Active and Passive Approaches 2013: 285-304.

141) Shiomi N. Introductory Chapter: Pollution of Soil and Groundwater and the Necessity of Bioremediation. in Advances in Bioremediation and Phytoremediation 2018; pp.1-17.

142) Wood JL *et al.* Microorganisms in Heavy Metal Bioremediation: Strategies for Applying Microbial-Community Engineering to Remediate Soils. AIMS Bioengineering 2016; 3: 211-229.

143) Diep P. *et al.* Heavy Metal Removal by Bioaccumulation Using Genetically Engineered Microorganisms. Frontiers in Bioengineering and Biotechnology 2018; 6: 157.

144) Peer WA *et al.* Phytoremediation and Hyperaccumulator Plants. in Molecular Biology of Metal Homostasis and Detoxification 2015: pp.299-340.

145) Fasani E *et al.* The Potential of Genetic Engineering of Plants for the Remediation of Soils Contaminated with Heavy Metals. Plant, Cell & Environment 2018; 41: 1201-1232.

146) 環境省「ストップ the 温暖化」. 285-304.

147) Obileke K *et al.* Microbial Fuel Cells, A Renewable Energy Technology for Bio-Electricity Generation: A Mini-Review. Electrochemistry Communications 2021; 125: 107003.

148) Azuma M, Ojima Y. Catalysis Development of Microbial Fuel Cells for Renewable-Energy Production. in Current Topics in Biochemical Engineering 2019; pp.49-87.

149) Karimi K *et al.* Recent Trends in Acetone, Butanol, and Ethanol (ABE) Production. Biofuel Research Journal 2015; 2: 301-308.

150) Lv Y *et al.* Genetic Manipulation of Non-Solvent-Producing Microbial Species for Effective Butanol Production. Biofuels, Bioproducts & Biorefining 2021; 15: 119-130.

その他の参考図書

1. 金原粲監修「生命科学 改訂版」実教出版
2. 野島博著「ゲノム工学の基礎」東京化学同人
3. 塩見尚史、塩見晃史著「生命科学が解き明かす体の秘密」大学教育出版
4. 田村隆明編「キーワードで理解する転写イラストマップ」羊土社
5. 山本卓著「ゲノム編集とはなにか」講談社
6. 田部井豊監修「ゲノム編集食品」NTS
7. 実験医学 Vol.37-39　羊土社

■ 著者紹介

塩見　尚史　（しおみ　なおふみ）

京都大学博士（工学）
京都大学工学研究科（修士課程）修了。（株）カネカ
の研究員を経て、神戸女学院大学助教授に就任。現
在、神戸女学院大学人間科学部教授。
専門領域：肥満と老化のメカニズム。
関連著書：生命科学が解き明かす体の秘密、生命科学が解き明かす食と健康

塩見　晃史　（しおみ　あきふみ）

京都大学博士（工学）
京都大学工学研究科博士後期課程修了。
現在、理化学研究所特別研究員。
専門領域：シングルセル解析。
関連著書：生命科学が解き明かす体の秘密、生命科
　　　　　学が解き明かす食と健康

次世代バイオテクノロジーへの招待

2021 年 11 月 20 日　初版第 1 刷発行

■ 編　　者―――塩見尚史・塩見晃史
■ 発 行 者―――佐藤　守
■ 発 行 所―――株式会社 大学教育出版
　　　　　　　〒 700-0953　岡山市南区西市 855-4
　　　　　　　電話（086）244-1268　FAX（086）246-0294
■ 印刷製本―――モリモト印刷 ㈱

© Naohumi Shioml, Akihumi Shiomi 2021, Printed in Japan
検印省略　　　落丁・乱丁本はお取り替えいたします。
本書のコピー・スキャン・デジタル化等の無断複製は、著作権法上での例外
を除き禁じられています。本書を代行業者等の第三者に依頼してスキャンや
デジタル化することは、たとえ個人や家庭内での利用でも著作権法違反です。
本書に関するご意見・ご感想を右記サイト（QR コード）までお寄せください。

ISBN978-4-86692-166-2